穴埋めで統計分析がスラスラできる

間地秀三
Maji Shuzo

Fill the blanks and train
to master statistics analysis

まえがき

統計については3種類の人がいます。

それは……

- **統計がわからない人**（＝表やグラフ、代表値などが読めない人）

- **統計が読める人**（＝高校までにならった表、グラフや代表値などについての質問に答えられる人）

- **統計ができる人**（＝データを表やグラフにしたり、代表値を計算したりして、データを客観的に**把握**したり、ある場合にどうなるか**予想**したり、予想したことが確率的にどうなのか**検討**したりできる人）

以上の3種類です。

　本書のゴールは、まさにこの「統計ができる人」のレベルに到達することです。

　データを見たとき、どんな表やグラフをつくって、ポイントを押さえた分析をすればよいか、すぐに判断できる実務的な力をつけること。それが本書のゴールです。

　しかし、はじめからこのレベルをねらうのは、正直すこししんどいし、へたをすると途中で挫折しかねません。

急がば回れで、**まずは「統計が読める人」になって、そこから「統計ができる人」を目指す**、このほうが得策です。

　本書はこういう考え方にもとづいて、高校までの統計分析を復習しながら、本格的な統計分析に進みます。

　わかりやすくて本格的、それが本書の売りです。ぜひご一読ください。

「穴埋め」で統計分析がスラスラできる
目次

第1章 データの種類
量的データとカテゴリーデータ …………………………… 10

第2章 順序のあるカテゴリーデータ
1 順序のあるカテゴリーデータを読む …………………… 14
2 順序のあるカテゴリーデータを分析する ……………… 24

第3章 順序のないカテゴリーデータ
1 順序のないカテゴリーデータを読む …………………… 32
2 順序のないカテゴリーデータの分析する ……………… 37
　　コラム：パレートの法則 …………………………… 41

第4章 1つの量的データ
ウォーミングアップ　度数分布表と代表値 ……………… 44
1 1つの量的データを読む ………………………………… 50
2 1つの量的データを分析する …………………………… 58
　　コラム：平均が真ん中とはかぎらない ………… 63
　　コラム：合計がわかったら平均をチェック …… 65

第5章　平均と標準偏差

- ウォーミングアップ　標準偏差の計算 …………………………… 68
- 1　平均と標準偏差で複数のデータを読む ………………… 73
- 2　平均と標準偏差で複数のデータを分析する ……………… 77

第6章　箱ひげ図

- 1　箱ひげ図を描く ……………………………………………… 84
- 2　箱ひげ図を読む ……………………………………………… 96

第7章　クロス集計表

- 1　クロス集計表を読む ………………………………………… 104
- 2　クロス集計表で分析する …………………………………… 106

第8章　散布図

- 1　散布図の描き方 ……………………………………………… 110
- 2　散布図を読む ………………………………………………… 112
- 3　散布図で分析する …………………………………………… 116
  - コラム：散布図と平均で経営分析 ………………………… 119

第9章　相関係数

- 1　相関係数の計算 ……………………………………………… 124
- 2　相関係数を読む ……………………………………………… 131
- 3　相関係数で分析する ………………………………………… 134

第10章　単回帰分析

1　単回帰分析とは ……………………………………………… 140
2　単回帰分析の式の求め方 …………………………………… 141
3　単回帰分析で予測する ……………………………………… 142
　　　コラム：単回帰分析はExcelなら簡単 ………………… 145

第11章　正規分布と偏差値

1　正規分布とは ………………………………………………… 150
2　正規分布の性質 ……………………………………………… 151
3　正規分布と偏差値 …………………………………………… 156
4　偏差値を計算する …………………………………………… 161
5　偏差値をざっくり読む ……………………………………… 166
6　偏差値で分析する …………………………………………… 168

第12章　推定

予備知識　全数調査と標本調査 ………………………………… 172
1　標本平均の分布 ……………………………………………… 173
2　区間推定の式を求める ……………………………………… 182
3　小さなサンプルから区間推定 ……………………………… 184
4　大きなサンプルから区間推定 ……………………………… 188
5　不偏分散(s^2)から標準偏差(s)を求める ………………… 192
6　99%信頼区間 ………………………………………………… 198

第13章 検定

1 帰無仮説と対立仮説 ………………………………… 202
2 有意水準(=危険率)5%と棄却域 ………………… 203
3 有意水準(=危険率)1%と棄却域 ………………… 210
4 両側検定と片側検定 ………………………………… 214
5 片側検定の有意水準5%と棄却域 ………………… 217
6 片側検定をする ……………………………………… 219

第1章
データの種類

本章で身につく統計分析力

- 分析するデータをみて、量的データかカテゴリーデータかわかる。

- カテゴリーデータの場合は、順序のあるカテゴリーデータか順序のないカテゴリーデータのどちらかすぐに判断できる。

統計分析がわかる、あるいはできるとは、どういうことでしょう？ それはズバリ**どういう(種類の)データを、どういうふうに処理すればいいかわかる**、ということです。

どういう種類のデータかわからなければ、処理の仕方(使用する表やグラフ、分析の手法)もわかりません。

そこでここでは、**統計分析の第一歩である、どういう種類のデータかすぐに判断できる**力を身につけましょう。

量的データとカテゴリーデータ

統計で扱うデータは、大まかに以下の3つに分けられます。

- **量的(数量)データ**
- **順序のあるカテゴリー(質的)データ**
- **順序のないカテゴリー(質的)データ**

ひとつずつみていきましょう。

◆ 量的(数量)データ

枚数や体重、金額など、**数値**であらわされ、**数字の大小に意味があり**、最低限、**加減算ができる**データです。

◆ 順序のあるカテゴリー(質的)データ

たとえば、ある商品の満足度を調べるアンケートの選択肢のデータです。

満足 ＞ やや満足 ＞ 普通 ＞ 不満

◆順序のないカテゴリー(質的)データ

たとえば、血液型を調べるときの選択肢のデータです。

A, B, O, AB

問題 以下のアンケートを読んで、□をうめてください。

お客様アンケート〈ABC カンパニー〉

該当する□にチェックを入れてください。
各設問につき一ヶ所でお願いします。

① 弊社ブースにお越しいただいた理由をお聞かせください。

　□ 前から興味があった　　□ 人から勧められた
　□ 案内状が届いた　　　　□ たまたま通りすがり

② 弊社ブースの展示について感想をお聞かせください。

　□ とてもよかった　　　　□ よかった
　□ なんともいえない　　　□ つまらなかった

---

①で得られるデータは [　　　　　] データ

②で得られるデータは [　　　　　] データ

💡 **解答**

①で得られるデータは 順序のないカテゴリー データ

②で得られるデータは 順序のあるカテゴリー データ

✏️ **問題** ☐ をうめてください。

1. 次の①〜⑤のうち、カテゴリーデータは ☐ です。

    ① 国語のテストの点数　② 心拍数
    ③ 生年月日　　　　　　④ 100m走の記録
    ⑤ 給料

2. 次の①〜⑤のうち、量的データは ☐ です。

    ① 血液型　　②サッカー選手の背番号
    ③ 人種　　　④ 温度　　⑤ 性別

💡 **解答**

判断に困ったら、足したり引いたりしてみて、意味があれば量的データ、そうでなければカテゴリーデータです。

1. ①〜⑤のうち、カテゴリーデータは ③ です。
2. ①〜⑤のうち、量的データは ④ です。

第2章
順序のあるカテゴリーデータ

本章で身につく統計分析力

- 度数分布表とグラフが作成できる。
- 表やグラフからデータの特徴を見出せる。

本章では、度数分布表や相対度数、累積相対度数、棒グラフ、円グラフ(帯グラフ)、棒グラフと折れ線グラフの複合グラフなどの個別の知識を組み合わせて、順序のあるカテゴリーデータの処理を学びます。

順序のあるカテゴリーデータの処理というテーマを通して、表やグラフの基本を身につけます。

表やグラフなどの個別の学習で終わるのではなく、これらの**バラバラの知識を組み合わせて使うことにより**、**実践的な統計力を身につけます。**

身近な例として、映画の感動の度合いを☆の数(☆5つから☆1つ)であらわした、Web上のアンケート調査のデータがあげられます。

1 順序のあるカテゴリーデータを読む

📝 **例** ある進学塾で算数のテストをしました。

テストの結果が90点以上をAランク、80点以上90点未満をBランク、65点以上80点未満をCランク、50点以上65点未満をDランク、50点未満をEランクと分類して、結果を検討しようと思います。□をうめて統計を読んでください。

STEP 1

表1

ランク	人数
A	24
B	36
C	80
D	44
E	16
合計	200

グラフ1

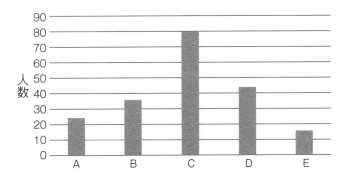

表1のデータの種類は　　　　　　　　データです。

表1は最もシンプルな　　　　　　表です。

人数は一般的には　　数です。

表1をグラフ1のような　　　　　グラフにすると、データの　　　　　関係がよくわかります。

💡 解答

表1のデータの種類は 順序のあるカテゴリー データです。
表1は最もシンプルな 度数分布 表です。
人数は一般的には 度 数です。

表1をグラフ1のような 棒 グラフにすると、データの 大小 関係がよくわかります。

この段階で終わっても、学校の統計のテストでは問題ありませんが、実践的に、あるいは実務的にデータを読むということになれば、話は別です。

なぜなら、**順序のあるカテゴリーデータを読むときのポイント**は、たとえば、**B ランクまでに何％とか E ランク以下が何％とか、最も多いのは C ランクで何％などと表現するといいからです。**

そのためには、相対度数を求めたり、円(帯)グラフを描くことが必要になります。

STEP 2

表 2

ランク	人数	相対度数(%)
A	24	12
B	36	18
C	80	40
D	44	22
E	16	8
計	200	100

A ランクの相対度数 12％は、A ランクの 24 人が、全体 200 人のうちどのくらいの割合かということだから、

$24 \div 200 \times 100 = 12(\%)$ と計算します。

同様に B ランクの 18％は、

□ ÷ □ × □ ＝ 18(%)と計算します。

以下同様です。

　相対度数(%)は □ をあらわすグラフである、円グラフか帯グラフであらわせます。

円グラフ

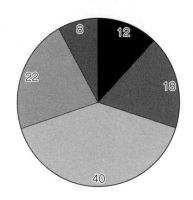

相対度数(%)

■A ■B ■C ■D ■E

帯グラフ

💡 **解答**

$\boxed{36} \div \boxed{200} \times \boxed{100} = 18(\%)$

相対度数(%)は $\boxed{割合}$ をあらわすグラフである、円グラフか帯グラフであらわせます。

相対度数(%)より

Bランクまでに $\boxed{} + \boxed{} = \boxed{}$ (%)

Eランク以下が $\boxed{}$ (%)

いちばん多いのは $\boxed{}$ ランクで、$\boxed{}$ %

などが読み取れます。

もちろんここまでやれば、順序のあるカテゴリーデータは十分に読めているといえますが、さらに、ワンランクアップの報告書を作成するためには、Bランクまでに何人で、Bランクまでに何%ということを一目でわかるようにあらわすために、**累積度数**と**累積相対度数**を求めること、および棒グラフと累積相対度数(%)を組み合わせたグラフを作成することが必要になります。

💡 **解答と解説**

Bランクまでに $\boxed{12} + \boxed{18} = \boxed{30}$ (%)

Eランク以下が $\boxed{8}$ (%)

いちばん多いのは $\boxed{C}$ ランクで $\boxed{40}$ %

(STEP 3)

表3

ランク	人数	相対度数(%)	累積度数	累積相対度数(%)
A	24	12	24	12
B	36	18	60	30
C	80	40	140	70
D	44	22	184	92
E	16	8	200	100
計	200	100		

　Aランク(Aランクまで)の累積度数は、Aランクの度数だから24(人)

　Bランク(Bランクまで)の累積度数は、Aランク累積度数24＋Bランクの度数36＝60(人)

　Cランク(Cランクまで)の累積度数は、□＋□＝□(人)

以下同様です。

　Aランク(Aランクまで)の累積相対度数は、Aランクの相対度数だから12(%)

　Bランク(Bランクまで)の累積相対度数は、Aランクの累積相対度数12＋Bランクの相対度数18＝30(%)

Cランク(Cランクまで)の累積相対度数は、

☐ + ☐ = ☐

以下同様です。

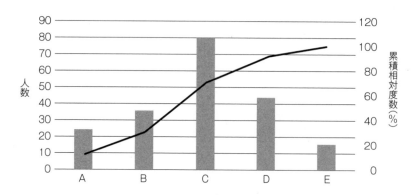

各ランクの人数と累積相対度数(%)の複合グラフは、ランクごとの人数と、そのランクまでに何%のデータが含まれるかが一目でわかるので、順序のあるカテゴリーデータについて記載できるグラフが1つの場合はこのグラフが有効です。

💡 解答と解説

Cランク(Cランクまで)の累積度数は、 60 + 80 = 140 (人)
Cランク(Cランクまで)の累積相対度数は、 30 + 40 = 70 (%)

演習 アンケート調査の結果を整理した表とグラフについて、表の ☐ をうめ、考察を ☐ に書いてください（＝統計を読んでください）。

お客さまアンケート

お食事はご満足いただけたでしょうか。
ご感想をお聞かせください。

　　A　とてもおいしかった
　　B　おいしかった
　　C　まあまあだった
　　D　あまりおいしくなかった
　　E　まずかった

該当するアルファベットひとつに○をつけてください。
ご協力ありがとうございました。

ランク	人数	相対度数(%)	累積度数	相対累積度数(%)
A	32	20	32	20
B	96	60		80
C	16	10	144	
D	8	5	152	95
E	8	5	160	100
計	160	100		

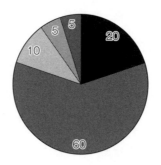

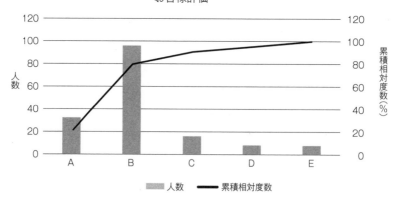

アンケート結果の考察

【解答】

ランク	人数	相対度数(%)	累積度数	相対累積度数(%)
A	32	20	32	20
B	96	60	128	80
C	16	10	144	90
D	8	5	152	95
E	8	5	160	100
計	160	100		

アンケート結果の考察(解答例)

いいほうの評価(おいしかったのBまで)が80％。悪いほうの評価(あまりおいしくなかったのD以下)は10％。最も多かったのはBおいしかったで60％でした。

当事者の分析であれば、これに、それぞれの立場による見解が加わります。たとえば

　とてもおいしかった、おいしかったの高評価を80％のお客様からいただきました。
　同業他店の評価(一般的に70％)と比較してこれは、客観的に日頃の精進が認められたと喜んでいいと思います。しかし、あまりおいしくなかった、まずかったが10％あったことについては、味の問題なのか、あるいは接客込みなのか、再度アンケートする必要があると思われます。

このように統計(分析)は、基本がわかれば、それに実務を加味して、かっこいいレポートが作成できます。

2 順序のあるカテゴリーデータを分析する

　ここでは表を作成し、グラフをつくってコメントをするという一連の作業を行ないます。前述のデータを読む経験をとおして、流れはわかっていますから、簡単ですよね。

演習　劇団Aはミュージカル「タイガーキング」の公演の最終日に、お客様にアンケートをしました。この結果を分析してください。

お客様アンケート

本日の舞台はいかがでしたか？
ご感想をお聞かせください。

　　A　とても面白かった
　　B　面白かった
　　C　まあまあだった
　　D　面白いとはいえない
　　E　がっかりした

該当するアルファベットひとつに○をつけてください。

手順1 表を作成する

アンケート結果の度数分布表の空欄をうめてください。

	タイガーキング公演アンケート			
ランク	人数	相対度数(%)	累積度数	相対累積度数(%)
A	18	22.5	18	22.5
B	38	47.5		
C	16		72	
D	6	7.5		97.5
E	2		80	100
計	80	100		

手順2 グラフを作成する

①棒グラフ

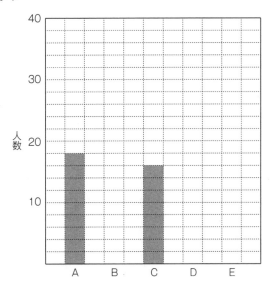

②円グラフ

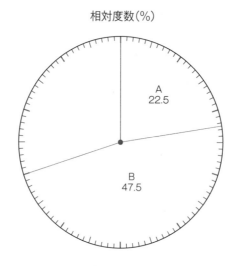

③人数と累積相対度数の複合グラフ

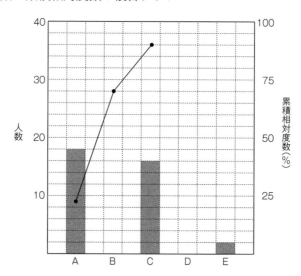

手順3 手順1、手順2にもとづいてコメントする

いい評価であるB以上が ☐ %

反対に悪い評価であるD以下が ☐ %

最も多かった感想はBの「面白かった」で ☐ %。

解答

手順1

タイガーキング公演アンケート					
ランク	人数	相対度数(%)	累積度数	相対累積度数(%)
A	18	22.5	18	22.5
B	38	47.5	56	70
C	16	20	72	90
D	6	7.5	78	97.5
E	2	2.5	80	100
計	80	100		

手順2

①棒グラフ

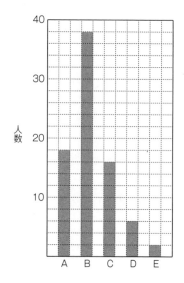

②円グラフ

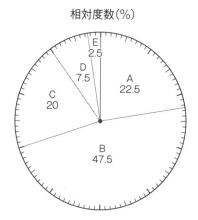

③人数と累積相対度数の複合グラフ

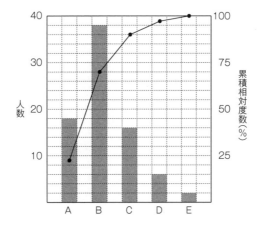

> **手順3**

いい評価であるB以上が 70 %

反対に悪い評価であるD以下が 10 %

最も多かった感想はBの「面白かった」で 47.5

　もちろん当事者であれば、こういう形式的な分析に加え、作品に対する自信の度合いにもとづく、こういう評価をもらえるだろうなという期待と実際との差がどうであったか、などを検討するといいでしょう。形式的な分析ができれば、そのあとは当事者であれば簡単なはずです。

第3章
順序のないカテゴリーデータ

本章で身につく統計分析力

- 分析するデータが順序のないカテゴリーデータで、度数分布表やグラフが作成できる。

- 表やグラフからパレート分析（ABC分析）できる。

第2章では、順序のあるカテゴリーデータをとりあげました。ここでは順序のないカテゴリーデータをとりあげます。

順序のないカテゴリーでは、度数分布表を**度数の降順に並べ替えます**。ここがポイントです。

ここさえ押さえれば、そのあとはグラフを作成して、データを読みます。

データの読み方については、本章の最後にコラムでとりあげる、**パレートの法則**にもとづいて **ABC 分析**します。

ビジネスの現場でみられる例としては、販売金額が高い商品から順番に並べ、その累計比率によって商品をA、B、Cのようにグループに分けて、販売効率を高めるために使われています。

1 順序のないカテゴリーデータを読む

✎ 例 次の表は、旅行代理店 HHS 大阪なんば店の、目的地域別海外旅行者の 7 月のデータです。

表1

旅行地域	人数
アフリカ	8
アジア	132
オセアニア	56
北米・カナダ	44
中南米	16
ハワイ・グアム	104
ヨーロッパ	40

□をうめて統計を読んでください。

STEP 1

これは ☐ データだから、☐ 分析するために、☐ の降順に旅行地域を並べ替えます。

表2

旅行地域	人数
アジア	132
	104
オセアニア	56
北米・カナダ	
ヨーロッパ	40
中南米	16
アフリカ	8
計	

(STEP 2)

第2章の復習になりますが、表2に　　　　度数(%)、　　　　度数、　　　　度数(%)を追加します。

旅行地域	人数	度数(%)		度数		度数(%)
アジア	132	33		132		33
ハワイ・グアム	104	☐		☐		59
オセアニア	56	14		292		☐
北米・カナダ	44	11		336		84
ヨーロッパ	40	10		376		94
中南米	16	☐		392		98
アフリカ	8	2		400		100
計	400	100				

💡 解答と解説

STEP 1

これは 順序のないカテゴリー データだから、 パレート 分析するために 度数 の降順に旅行地域を並べ替えます。

旅行地域	人数
アジア	132
ハワイ・グアム	104
オセアニア	56
北米・カナダ	44
ヨーロッパ	40
中南米	16
アフリカ	8
計	400

STEP 2

表2に 相対 度数(%)、累積 度数、累積相対 度数(%)を追加します。

旅行地域	人数	相対 度数(%)	累積 度数	累積相対 度数(%)
アジア	132	33	132	33
ハワイ・グアム	104	26	236	59
オセアニア	56	14	292	73
北米・カナダ	44	11	336	84
ヨーロッパ	40	10	376	94
中南米	16	4	392	98
アフリカ	8	2	400	100
計	400	100		

STEP 3

旅行地域の割合と人数、累積相対度数の3つの内容を2つのグラフであらわすには、棒グラフ・円グラフ・帯グラフ・棒グラフと累積相対度数の複合グラフのうち、□□□□□と□□□□□□□□□□を選択します。

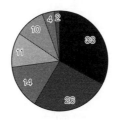

旅行先の割合(%)

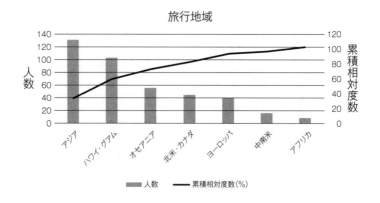

このグラフをパレート図といいます。

　　[　　　　]図より、旅行先の約 60% をしめる
[　　　　　　　　]を A ランク、[　　　　]% をしめるオセアニア、北米・カナダ、ヨーロッパを[　　　　]ランク、[　　　　]% の
[　　　　　　　　]を C ランクとしました。

💡 解答と解説

[円グラフ] と [棒グラフと累積相対度数の複合グラフ] を選択します。

[パレート] 図より、旅行先の約 60% をしめる [アジアとハワイ・グアム] を A ランク、[35] % をしめるオセアニア、北米・カナダ、ヨーロッパを [B] ランク、[6] % の [中南米、アフリカ] を C ランクとしました。

2 順序のないカテゴリーデータを分析する

問題

下の表は、ある食品メーカーの製品別売上です。このデータを分析してください。度数分布表の [　　　　　] をうめて、グラフを完成し、最後にコメントしてください。

製品別売上	
製品記号	金額（百万円）
A	2
B	8
C	1
D	18
E	12
F	1
G	6
H	2

製品別売上データ				
製品記号	金額(百万円)	相対度数(%)	累積金額(百万円)	累積相対度数(%)
D	18	36	18	36
			30	
B	8	16		76
		12	44	88
A		4	46	
H	2		48	96
C	1	2	49	98
F	1	2	50	100
計		100		

製品売上　相対度数(%)

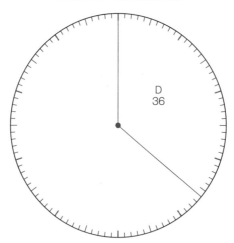

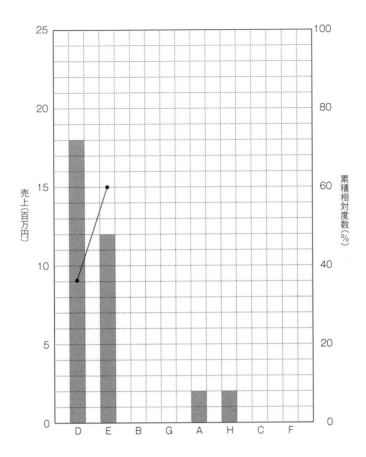

コメント

　パレート図より　売上の過半数(60%)をしめる
 ┌──────────┐
 │　　　と　　　│をAランク、つづいて売上の28%をしめる
 └──────────┘
 ┌──────────┐　　　┌──────┐
 │　　　と　　　│を│　　　　│ランク、残りの12%をし
 └──────────┘　　　└──────┘
める ┌──────────┐をCランクとする┌──────────┐分析をし
　　 └──────────┘　　　　　　　　　└──────────┘
ました。

解答

製品別売上データ					
製品記号	金額(百万円)	相対度数(%)		累積金額(百万円)	累積相対度数(%)
D	18	36		18	36
E	12	24		30	60
B	8	16		38	76
G	6	12		44	88
A	2	4		46	92
H	2	4		48	96
C	1	2		49	98
F	1	2		50	100
計	50	100			

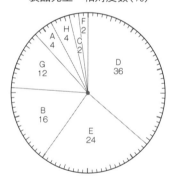

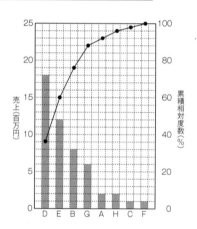

パレート図より、売上の過半数(60%)をしめる D と E を A ランク、つづいて売上の 28% をしめる B と G を B ランク、残りの 12% をしめる A、H、C、F を C ランクとする ABC 分析をしました。

> **コラム**
> # パレートの法則

　パレートの法則は「80：20の法則」ともいわれています。身近な生活のシーンで、多かれ少なかれ経験された方も多いと思われる法則です。

　たとえば、衣料品メーカーが、いくつかの販売店に商品をおろしている場合、売上の8割は販売店の2割が生み出すという法則です。
　上得意様2割で売上全体の8割（大部分）を占めるという法則です。
　もちろん、きっちりこのとおりになるということではありませんが、上得意様で売上の多くがしめられるという傾向は、多くの場合にみられます。

　この法則にもとづき、私たちは売上が多い順にデータを並べ替え、お客様をAランク：プラチナ様、Bランク：ゴールド様Cランク：シルバー様のように分類（ABC分析）して、顧客管理や営業戦略に役立てます。

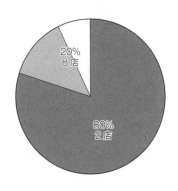

　営業的には、Aランクのお客様は頻繁に訪問して機会ロスを防ぐ

ことで売上アップを図り、Bランクのお客様はときどき訪問し、Cランクのお客様は忘れられない程度に顔見せするといった具合に、メリハリをつけて活動することによって、費用対効果を高めます。

　パレートの法則は、売上の8割は全アイテムの2割が生みだすなどなど、他にもたくさんみられます。

第4章
1つの量的データ

本章で身につく統計分析力

- 分析対象のデータが1つの量的データのとき、度数分布表を作成し、モードやメジアン、平均値といった代表値を求められる。
- ヒストグラムや円グラフを作成し、データの塊がどのあたりなのかを読み取れる。

第1章でみたように、量的(数量)データとは枚数や体重、金額など、**数値**であらわされ、**数字の大小**に意味があり、最低限**加減算ができる**データでした。よく営業マンの販売実績を棒グラフにして壁に張り出しますが、この元になるデータが量的データです。

こうしたデータを読むときは、まずだいたいどのあたりに**データの塊**があるかをざっくりと読み取り、そのあと代表値(データの特徴や傾向をあらわす数値。平均値や最大値、モードやメジアンなど)の特徴などにもふれます。

ところで、代表値については、度数分布表から求めるときに、注意すべき点が多々あるので、はじめに、ウォーミングアップとしてまとめて押さえます。それから本題に入ります。

ウォーミングアップ
度数分布表と代表値

階級と階級値

 問題 サラリーマン10人に昼食代を聞いたところ、次の結果を得ました。

250円　440円　340円　470円　530円
420円　580円　670円　750円　480円

これを次のような度数分布表に整理しました。

昼食代(円)	階級値	度数				
200 〜 300	250	1	250			
300 〜 400	350	1	350			
400 〜 500	450	4	450	450	450	450
500 〜 600	550	2	550	550		
600 〜 700	650	1	650			
700 〜 800	750	1	750			

こう見ると、平均と中央値の計算も楽勝です。

ここが ☐　　階級の ☐ の値

$300 - 200 =$ ☐

$400 - 300 =$ ☐

を ☐ といいます。

モードは、度数の最も大きな階級の階級値だから ☐

平均は、表の右の欄に着目して

$$\frac{250\times1+350\times1+450\times\boxed{}+550\times\boxed{}+650\times1+750\times1}{10}=\boxed{}$$

💡 解答

昼食代(円)	階級値	度数	
200 ～ 300	250	1	250
300 ～ 400	350	1	350
400 ～ 500	450	4	450　450　450　450
500 ～ 600	550	2	550　550
600 ～ 700	650	1	650
700 ～ 800	750	1	750

⇧　　　　⇧
ここが 　階級の の値

$300-200=\boxed{100}$

$400-300=\boxed{100}$

を 階級の幅 といいます。

モードは、度数の最も大きな階級の階級値だから $\boxed{450}$

平均は、表の右欄に着目して

$$\frac{250\times1+350\times1+450\times\boxed{4}+550\times\boxed{2}+650\times1+750\times1}{10}=\boxed{490}$$

中央値

問題 以下の ☐ をうめてください。

中央値は ☐ ともいいます。

◆データの数が奇数の場合

下図で中央値（ ☐ ）は ☐ さんの ☐ cm

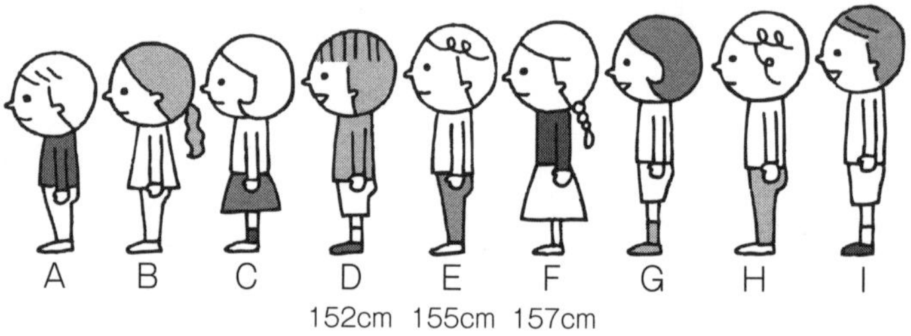

A B C D E F G H I
152cm 155cm 157cm

下の度数分布で中央値は ☐ kg

体重(kg)	☐	人数
40〜45	42.5	2
45〜50	47.5	3
50〜55	52.5	4
55〜60	57.5	10
60〜65	62.5	2

[解答]

中央値は メジアン ともいいます。

身長のデータは9個で奇数です。

中央値(メジアン)は昇順に並べたときの真ん中の値です。この場合は小さいほうから5番目ですから、中央値(メジアン)は E さんの 155 cm

中央値は 57.5 kg

データの数が21なので、真ん中は小さいほうから11番目の値です。

体重(kg)	階級値	人数										
40〜45	42.5	2	①42.5	②42.5								
45〜50	47.5	3	47.5	47.5	47.5							
50〜55	52.5	4	52.5	52.5	52.5	52.5						
55〜60	57.5	10	57.5	⑪57.5	57.5	57.5	57.5	57.5	57.5	57.5	57.5	57.5
60〜65	62.5	2	62.5	62.5								
	計	21										

◆データの数が偶数の場合

下図で中央値（ □ ）は $\dfrac{□+□}{2}$ = □ cm

A　B　C　D　E　F　G　H　I　J
　　　　　　159cm　161cm

下表でメジアンは □ kg

体重(kg)	階級値	人数	
40～45	42.5	2	42.5　42.5
45～50	47.5	3	47.5　47.5　47.5
50～55	52.5	4	52.5　52.5　52.5　52.5
55～60	57.5	9	57.5　57.5　57.5　57.5　57.5　57.5　57.5　57.5　57.5
60～65	62.5	2	62.5　62.5
	計	20	

下表の場合、メジアンは □ kg

体重(kg)	階級値	人数	
40～45	42.5	2	42.5　42.5
45～50	47.5	4	47.5　47.5　47.5　47.5
50～55	52.5	4	52.5　52.5　52.5　52.5
55～60	57.5	8	57.5　57.5　57.5　57.5　57.5　57.5　57.5　57.5
60～65	62.5	2	62.5　62.5
	計	20	

【解答】

小さいほうから5番目の159cmと6番目の161cmの平均をとります。

中央値（ メジアン ）は $\dfrac{\boxed{159}+\boxed{161}}{2} = \boxed{160}$ cm

下表でメジアンは $\dfrac{57.5+57.5}{2} = \boxed{57.5}$ kg

体重(kg)		人数	
40～45	42.5	2	42.5　42.5
45～50	47.5	3	47.5　47.5　47.5
50～55	52.5	4	52.5　52.5　52.5　52.5
55～60	57.5	9	⑩57.5　⑪57.5　57.5　57.5　57.5　57.5　57.5　57.5　57.5
60～65	62.5	2	62.5　62.5
	計	20	

下表の場合、メジアンは $\dfrac{52.5+57.5}{2} = \boxed{55.0}$ kg

体重(kg)		人数	
40～45	42.5	2	42.5　42.5
45～50	47.5	4	47.5　47.5　47.5　47.5
50～55	52.5	4	52.5　52.5　52.5　⑩52.5
55～60	57.5	8	⑪57.5　57.5　57.5　57.5　57.5　57.5　57.5　57.5
60～65	62.5	2	62.5　62.5
	計	20	

ウォーミングアップはこれで終わります。

本題に入りましょう。

1 1つの量的データを読む

✏️ 例 次の表は、あるトレーニングジムにおけるある年の6月に入会した人の年齢のデータです。☐をうめて統計を読んでください。

年齢(歳)	階級値	度数
10 〜 20	15	1
20 〜 30	25	3
30 〜 40		7
40 〜 50	45	4
50 〜 60		10
60 〜 70	65	21
70 〜 80	75	4
	計	50

最小年齢(最小値)18歳
最大年齢(最大値)75歳

STEP 1

これは ☐ データです。

年齢(歳)	階級値	度数
10 〜 20	15	1
20 〜 30	25	3
30 〜 40	☐	7
40 〜 50	45	4
50 〜 60	☐	10
60 〜 70	65	21
70 〜 80	75	4
	計	50

階級の幅は ☐ 歳

モードは ☐ 歳

平均は

$$\frac{\boxed{}}{50} = \boxed{}$$

中央値は、度数の合計が50だから、

若いほうから ☐ 番目と ☐ 番目の年齢の平均です。

$$\frac{\boxed{} + \boxed{}}{2} = \boxed{}$$

解答

これは 量的 データです。

年齢	階級値	度数
10～20	15	1
20～30	25	3
30～40	35	7
40～50	45	4
50～60	55	10
60～70	65	21
70～80	75	4
	計	50

階級の幅は、20－10＝ 10 歳

モードは、度数の最も大きな階級、60～70の階級値 65 歳

平均は

$$\frac{15\times1+25\times3+35\times7+45\times4+55\times10+65\times21+75\times4}{50} = 54.6$$

中央値は、度数の合計が50だから、若いほうから 25 番目と 26 番目の年齢の平均です。

$$\frac{55 + 65}{2} = 60$$

代表値である、最大値75歳、最小値18歳、平均値54.6歳、モード65歳、メジアン60歳がわかりました。

次は第2章、第3章と同様に、度数分布表に相対度数(%)、累積度数、累積相対度数(%)を加えて、グラフとしてはヒストグラムと、参考として円グラフを作成します。

STEP 2

年齢	階級値	度数	相対度数(%)	累積度数	累積相対度数(%)
10〜20	15	1	2	1	2
20〜30	25	3		4	8
30〜40	35	7	14		
40〜50	45	4	8	15	30
50〜60	55	10	20	25	50
60〜70	65	21		46	
70〜80	75	4	8	50	100
	計	50	100		

横軸を年齢(階級)、縦軸を人数(度数)とした、棒と棒がくっついた棒グラフの仲間である □ を描きます。

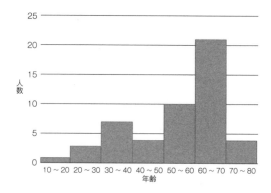

第2章、第3章でも描いた、割合をあらわす円グラフを描きます。

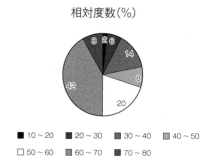

💡 解答

年齢	階級値	度数	相対度数(%)	累積度数	累積相対度数(%)
10〜20	15	1	2	1	2
20〜30	25	3	6	4	8
30〜40	35	7	14	11	22
40〜50	45	4	8	15	30
50〜60	55	10	20	25	50
60〜70	65	21	42	46	92
70〜80	75	4	8	50	100
	計	50	100		

棒と棒がくっついた、棒グラフの仲間である ヒストグラム を描きます。

これで、データを読む材料はととのいました。次のSTEP3、分析レポートでは、まずだいたいどのあたりに**データの塊**があるかをざっくりと読み取り、そのあと代表値の特徴などにもふれます。

(STEP 3)

入会年齢分析レポート

年齢	階級値	度数	相対度数(%)	累積度数	累積相対度数(%)
10～20	15	1	2	1	2
20～30	25	3	6	4	8
30～40	35	7	14	11	22
40～50	45	4	8	15	30
50～60	55	10	20	25	50
60～70	65	21	42	46	92
70～80	75	4	8	50	100
	計	50	100		

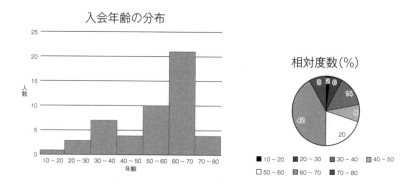

最大値75歳、最小値18歳、平均値54.6歳
モード65歳、メジアン60歳

入会年齢は ☐ 歳〜 ☐ 歳の範囲に広がっていますが、その大部分60％強は ☐ 〜 ☐ にあります。

モードは ☐ 歳で、この階級にデータの ☐ ％があります。

平均年齢は ☐ 歳で、メジアンは ☐ 歳で、平均年齢がほぼ中央値になっています。

[解答]

入会年齢は 18 歳〜 75 歳の範囲に広がっていますが、
　　　　　　最小値　　最大値

その大部分60％強は 50歳 〜 70歳 にあります。
　　　　　　　　ざっくりとデータの塊を読む
　　　　　　　　ここがポイント

モードは 65 歳で、この階級にデータの 42 ％があります。

平均年齢は 54.6 歳で、メジアンは 60 歳で、平均年齢がほぼ中央値になっています。

2　1つの量的データを分析する

問題　下表は、A村（200世帯）の年間世帯収入の調査結果です。未完成の表やグラフを完成して、文章の　　　　　　　　　をうめ、最後にコメントを書いてください。

A村の世帯収入分布

世帯収入(万円)	階級値	世帯数	相対度数(%)	累積世帯数	累積相対度数(%)
0 ～ 100	50	10	5	10	5
100 ～ 200	150	32		42	21
200 ～ 300		36	18	78	39
300 ～ 400	350	32	16		55
400 ～ 500	450	18	9	128	64
500 ～ 600	550	16	8	144	
600 ～ 700	650	14	7	158	79
700 ～ 800	750	12	6		85
800 ～ 900	850	10	5	180	90
900 ～ 1000		8	4	188	
1000 ～ 1100	1050	6		194	97
1100 ～ 1200	1150	4	2	198	99
1200 ～ 1300	1250	2	1	200	100
	計	200	100		

最小値55万、最大値1280万

モードは [　　　] 万

世帯収入の平均は、
合計
$(50 \times 10 + 150 \times 32 + 250 \times 36 + 350 \times 32 + 450 \times 18$
$+ 550 \times 16 + 650 \times 14 + 750 \times 12 + 850 \times 10 + 950 \times 8$
$+ 1050 \times 6 + 1150 \times 4 + 1250 \times 2) = 90000$

を [　　　] で割って [　　　] 万

中央値(メジアン)は、世帯数が200なので、少ないほうから [　　　] 番目 [　　　] と、[　　　] 番目 [　　　] 万の平均で [　　　] です。

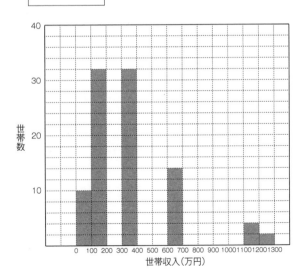

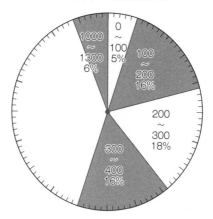

世帯収入　相対度数(%)

|コメント|

世帯収入は ⬜ ～ ⬜ の範囲に広がっていますが、50%は ⬜ ～ ⬜ にあります。

モードは ⬜ で、この階級にデータの ⬜ %があります。

平均値が ⬜ で、メジアンが ⬜ であり、平均が中央値より ⬜ 多くなっています。

【解答】

A村世帯収入分布

世帯収入(万円)	階級値	世帯数	相対度数(%)	累積世帯数	累積相対度数(%)
0 〜 100	50	10	5	10	5
100 〜 200	150	32	16	42	21
200 〜 300	250	36	18	78	39
300 〜 400	350	32	16	110	55
400 〜 500	450	18	9	128	64
500 〜 600	550	16	8	144	72
600 〜 700	650	14	7	158	79
700 〜 800	750	12	6	170	85
800 〜 900	850	10	5	180	90
900 〜 1000	950	8	4	188	94
1000 〜 1100	1050	6	3	194	97
1100 〜 1200	1150	4	2	198	99
1200 〜 1300	1250	2	1	200	100
	計	200	100		

最小値55万、最大値1280万

モードは 250 万

世帯収入の平均は、

合計

$(50 \times 10 + 150 \times 32 + 250 \times 36 + 350 \times 32 + 450 \times 18$

$+ 550 \times 16 + 650 \times 14 + 750 \times 12 + 850 \times 10 + 950 \times 8$

$+ 1050 \times 6 + 1150 \times 4 + 1250 \times 2) = 90000$

を 200 で割って 450 万

第4章 1つの量的データ

中央値(メジアン)は、世帯数が200人なので、少ないほうから 100 番目 350万 と、 101 番目 350万 の平均で 350万 です。

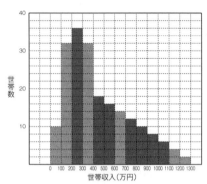

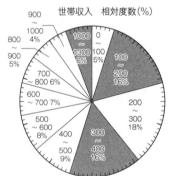

コメント

世帯収入は 55万 ～ 1280万 の範囲に広がっていますが、50%は 100万 ～ 400万 にあります。

モードは 250万 で、この階級にデータの 18 %があります。

平均値が 450万 で、メジアンが 350万 であり、平均が中央値より 100万 多くなっています。

> コラム

平均が真ん中とはかぎらない

　今とりあげた問題で考えましょう。
　田中さんはA村の住民です。田中さんの世帯収入は400万です。
　田中さんはA村の平均世帯収入450万と比較して、我が家の世帯収入は真ん中以下だなあと思ってがっかりしました。
　この判断は正しいでしょうか？

　実は、多くの方が田中さんと同じような判断をして、我が家の収入は少ないと思ってため息をついています。

　しかし、本書の量的データの分析は、まずだいたいどのあたりにデータの塊があるかをざっくりと読み取り、そのあと代表値の特徴などにもふれます。このやり方がわかっていれば、客観的に正しい分析ができます。

　A村の世帯収入の分析はこうでした。
　世帯収入は55万〜1280万の範囲に広がっていますが、50％は100万〜400万にあります。
　モードは250万で、この階級にデータの18％があります。
　平均値が450万で、メジアンは350万であり、平均が中央値より100万多くなっています。

この分析をもとに、田中さんの400万をながめると、

　田中さんの世帯収入400万は、A村の中央値350万より50万多く、しかもデータの塊（50%）は100万から400万であり、A村の一般的な世帯収入の上位にあります。田中さんが我が家の世帯収入が真ん中より下だとがっかりしたのは、誤りです。

平均は真ん中とは限りません。
最低限、メジアン（できれば分布も）は参照することが必要です。

> **コラム**
>
> # 合計がわかったら平均をチェック

次の例を通して考えましょう。

居酒屋とっくりは3つの支店があります。
A店、B店、C店の6月度の販売実績は以下のとおりです。

	売上(万円)	店員数
A店	1000	10
B店	2400	30
C店	4200	70

この表をみて、店の経営がうまくいっているのは、C→B→Aの順であると判断するのは早計です。
合計(売上)がわかったら、さしあたり平均を計算します。

A店の一人当たり(平均)の売上は
$1000 \div 10 = 100$(万)

B店の一人当たり(平均)の売上は
$2400 \div 30 = 80$(万)

C店の一人当たり(平均)の売上は
$4200 \div 70 = 60$(万)

ここまで計算する習慣あれば、人件費に着目して費用対効果を考えられます。店の経営がうまくいっているのはA→B→Cの順になります。

　このように、合計が与えられたときには、平均を計算するクセをつけることが大事です。

第5章
平均と標準偏差

本章で身につく統計分析力

- 分析対象のデータが複数の量的データのとき、それぞれのデータの平均と標準偏差（データのばらつきぐあい）を計算し、比較検討できる。

第4章では、1つの量的データの読み方をやりました。しかしたとえば、同じテストを市内の4校で行なった結果のデータを分析しなさいといわれたときには、このやり方は適切ではありません。

そういう場合には、データから平均と標準偏差（データのばらつき度合い）を計算して、複数のデータを比較するというやり方がよく使われます。

ビジネスでの使い方としては、たとえば1ヶ月ごとに1日の平均来客数とその標準偏差を計算して、1月(平均客数34人、標準偏差15人)2月(平均客数39人、標準偏差12人)3月(平均客数43人、標準偏差10人)……のようなデータから、時系列で「安定度」の推移を判断することができます。

ところで、標準偏差の計算と度数分布表における標準偏差の計算は多少ややこしいので、はじめにウォーミングアップとして、まとめて押さえます。それから本題に入ります。

ウォーミングアップ
標準偏差の計算

　A君とB君が10点満点のテストを5回受けた結果を、数直線上に示します。

　平均はどちらも5点ですが、点のばらつきが多い（成績が安定していない）のは、あきらかにB君です。

　このばらつきの大小の程度をあらわす式のひとつが標準偏差です。上図から、**平均と個々のデータの隔たりが大きいほど、ばらつきは大きくなる**ということが、視覚的にわかります。

例 A君の標準偏差を求めてください。

平均は $\dfrac{3+4+5+6+7}{5}=5$ 点

各回の点数と平均の差(＝偏差)を求めます。

3点	4点	5点	6点	7点
偏差↓	↓	↓	↓	↓
(3−5)	(4−5)	(5−5)		

偏差の2乗を求めます。

$(3-5)^2$ ☐ $(5-5)^2$ ☐ $(7-5)^2$

この平均を**分散** σ^2 といいます。

$$\sigma^2 = \dfrac{(3-5)^2+(4-5)^2+(5-5)^2+(6-5)^2+(7-5)^2}{5}$$

$$= \dfrac{4+1+0+1+4}{5} = \dfrac{10}{5} = 2$$

$\sqrt{\text{分散}}$ が**標準偏差**です。

標準偏差 $(\sigma) = \sqrt{\sigma^2} = \sqrt{2} =$ 約1.4

💡 **解答**

3点	4点	5点	6点	7点
偏差↓	↓	↓	↓	↓
$(3-5)$	$(4-5)$	$(5-5)$	$\boxed{(6-5)}$	$\boxed{(7-5)}$

偏差の2乗を求めます。

$(3-5)^2$　$\boxed{(4-5)^2}$　$(5-5)^2$　$\boxed{(6-5)^2}$　$(7-5)^2$

✏️ **演習** 下表は生徒10人の砲丸投げの記録です。空欄をうめて、平均と標準偏差を求めてください。

生徒No.	記録(m)	偏差	偏差の2乗
1	7	−2	4
2	12	3	9
3	6		
4	8	−1	1
5	13		
6	12	3	9
7	9		
8	7		
9	5		
10	11	2	4
計	90		

平均＝ □ ÷ □ ＝ □ (m)

偏差の2乗の和＝ □

分散(σ^2)＝ $\dfrac{\square}{}$ ＝ □

標準偏差(σ)＝$\sqrt{\sigma^2}$＝$\sqrt{\square}$＝約2.7m

💡 **解答**

生徒No.	記録(m)	偏差	偏差の2乗
1	7	−2	4
2	12	3	9
3	6	−3	9
4	8	−1	1
5	13	4	16
6	12	3	9
7	9	0	0
8	7	−2	4
9	5	−4	16
10	11	2	4
計	90		72

平均 = $\boxed{90}$ ÷ $\boxed{10}$ = $\boxed{9}$ (m)

偏差の2乗の和 = $\boxed{72}$

分散(σ^2) = $\dfrac{\boxed{72}}{10}$ = $\boxed{7.2}$

標準偏差(σ) = $\sqrt{\sigma^2}$ = $\sqrt{\boxed{7.2}}$ = 約2.7(m)

標準偏差の計算はこのくらいにして、本題に入りましょう。

1 平均と標準偏差で複数のデータを読む

演習 3つの高校が、全国共通模試を受けました。各校の数学の点数は以下のとおりでした。□□□をうめて統計を読んでください。

A校　200人　合計点　16000点
　　偏差の2乗の合計　45000

B校　120人　合計点　9000点
　　偏差の2乗の合計　108000

C校　160人　合計点　10240点
　　偏差の2乗の合計　64000

STEP 1

平均と標準偏差を計算します。

A校　200人　合計点　16000点
　　偏差の2乗の合計　45000

$$\text{平均} = \frac{\boxed{}}{\boxed{}} = \boxed{}\text{（点）}$$

$$\text{分散}(\sigma^2) = \frac{\Box}{\Box} = \boxed{}$$

$$\text{標準偏差}(\sigma) = \sqrt{\Box} = \boxed{} \text{(点)}$$

B校　120人　合計点　9000点
　　　偏差の2乗の合計　108000

$$\text{平均} = \frac{\Box}{\Box} = \boxed{} \text{(点)}$$

$$\text{分散}(\sigma^2) = \frac{\Box}{\Box} = \boxed{}$$

$$\text{標準偏差}(\sigma) = \sqrt{\Box} = \boxed{} \text{(点)}$$

C校　　160人　合計点　10240点
　　　　偏差の2乗の合計　64000

$$\text{平均} = \frac{10240}{160} = 64 \text{(点)}$$

$$\text{分散}(\sigma^2) = \frac{64000}{160} = 400$$

$$\text{標準偏差}(\sigma) = \sqrt{400} = 20 \text{(点)}$$

解答

A校

$$\text{平均} = \frac{16000}{200} = 80 \text{(点)}$$

$$\text{分散}(\sigma^2) = \frac{45000}{200} = 225$$

$$\text{標準偏差}(\sigma) = \sqrt{225} = 15 \text{(点)}$$

B校

$$\text{平均} = \frac{9000}{120} = 75 \text{(点)}$$

$$\text{分散}(\sigma^2) = \frac{108000}{120} = 900$$

$$\text{標準偏差}(\sigma) = \sqrt{900} = 30 \text{(点)}$$

(STEP 2)

3校の成績を比較して読みます。
STEP1の結果を表にまとめました。

	平均(点)	標準偏差(点)
A校	80	15
B校	75	30
C校	64	20

平均点より成績のよい ☐ 校と ☐ 校、やや成績のふるわない ☐ 校と、大まかにみることができます。

一番成績のよいA校と2番目のB校は、平均点では ☐ 点の差ですが、標準偏差をみると、B校はA校の ☐ 倍であり、B校はA校に比べて、成績の ☐ がかなり大きくなっています。

💡 解答

平均点より成績のよい A 校と B 校、やや成績のふるわない C 校と、大まかにみることができます。

一番成績のよいA校と2番目のB校は、平均点では 5 点の差ですが、標準偏差をみると、B校はA校の 2 倍であり、B校はA校に比べて、成績の ばらつき がかなり大きくなっています。

2 平均と標準偏差で複数のデータを分析する

問題 田中さんは宅建受験の個人指導塾をやっています。生徒は10人です。全国模試を4月と8月に受けさせました。宅建の科目のひとつ取引業法(20問)の正答数は下表のとおりです。4月と8月のテストの難易度がほぼ同じだったとき、生徒の成績の変化を分析してください。

4月度成績			
生徒No.	正答数	偏差	偏差の2乗
1	12	0	0
2	17		25
3	14	2	4
4	5	−7	
5	7	−5	25
6	9	−3	9
7	6		36
8	18	6	36
9	20	8	
10	12	0	0
計	120		248

平均

$\dfrac{\boxed{}}{\boxed{}} = \boxed{}$

分散

$\dfrac{\boxed{}}{\boxed{}} = \boxed{}$

標準偏差

$\boxed{} = 約5$

8月度成績			
生徒No.	正答数	偏差	偏差の2乗
1	9		36
2	15	0	0
3	14		1
4	19	4	16
5	14	−1	1
6	12	−3	
7	13	−2	4
8	16	1	1
9	19		16
10	19	4	16
計	150		100

平均

$$\frac{\boxed{}}{\boxed{}} = \boxed{}$$

分散

$$\frac{\boxed{}}{\boxed{}} = \boxed{}$$

標準偏差

$$\boxed{} = 約3$$

結果をまとめます。

	平均	標準偏差
4月		
8月		

4月の平均は ☐ 問で、標準偏差は ☐ 問、

8月の平均は ☐ 問で、標準偏差は ☐ 問だから、

4月に比べ8月は、平均が ☐ 問よくなり、

標準偏差が ☐ 問だけ小さくなっています。

要は、平均的に正答数が多くなり、個人差も小さくなったといえます。

【解答】

	4月度成績		
生徒No.	正答数	偏差	偏差の2乗
1	12	0	0
2	17	5	25
3	14	2	4
4	5	−7	49
5	7	−5	25
6	9	−3	9
7	6	−6	36
8	18	6	36
9	20	8	64
10	12	0	0
計	120		248

平均

$$\frac{120}{10} = 12$$

分散

$$\frac{248}{10} = 24.8$$

標準偏差

$$\sqrt{24.8} = 約5$$

8月度成績			
生徒No.	正答数	偏差	偏差の2乗
1	9	－6	36
2	15	0	0
3	14	－1	1
4	19	4	16
5	14	－1	1
6	12	－3	9
7	13	－2	4
8	16	1	1
9	19	4	16
10	19	4	16
計	150		100

平均

$$\frac{150}{10} = 15$$

分散

$$\frac{100}{10} = 10$$

標準偏差

$$\sqrt{10} = 約3$$

結果をまとめます。

	平均	標準偏差
4月	12	5
8月	15	3

4月の平均は $\boxed{12}$ 問で、標準偏差は $\boxed{5}$ 問、

8月の平均は $\boxed{15}$ 問で、標準偏差は $\boxed{3}$ 問だから、

4月に比べ8月は、平均が $\boxed{3}$ 問よくなり、標準偏差が $\boxed{2}$ 問だけ小さくなっています。

要は、平均的に正答数が多くなり、個人差も小さくなったといえます。

第6章

箱ひげ図

本章で身につく統計分析力

- 分析対象のデータが複数の量的データのとき、四分位数を計算し、箱ひげ図が描ける。

- 箱ひげ図を正しく読み取り、総合的かつ客観的にデータを解析できる。

第5章では、いくつかの量的データを平均と標準偏差を用いて比較しました。ここでは、量的データをビジュアル的に比較する方法としてよく使われる箱ひげ図をとりあげます。

箱ひげ図は、ばらつきのあるデータをみやすく表現するための統計学的グラフで、さまざまな分野で利用されますが、特に製品の品質を一定(平均値とばらつきを決まった範囲)に安定させる品質管理(QC)に最適でよく使われます。

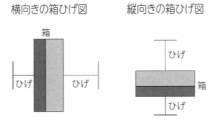

箱ひげ図は、描ければOKです。複数のデータの比較が一目瞭然でわかるのが箱ひげ図ですから。箱ひげ図によるデータ分析は、箱ひげ図を描いた時点でほぼ終了です。

1 箱ひげ図を描く

四分位数を計算して箱ひげ図を描く

◆ データが奇数個の場合

✎ 例　11個のデータ（2、3、4、6、8、10、11、13、15、17、20）の箱ひげ図の描き方

2、3、**4**、6、8、**10**、11、13、**15**、17、20

箱ひげ図を描くためには、最小値（2）と最大値（20）、四分位数が必要です。四分位数とは、データを大きさ順に並べて、四等分した際の境界をあらわしています。四分位数はデータのばらつきをあらわすのに使われます。では、四分位数を計算しましょう。

手順1　第2四分位数（＝全体の中央値）

データが11個（奇数）だから、中央値は小さいほうから □ 番目で □

手順2　第1四分位数

下半分（2、3、4、6、8）の中央値だから □

手順3　第3四分位数

上半分（11、13、15、17、20）の中央値だから □

結局こうなります。

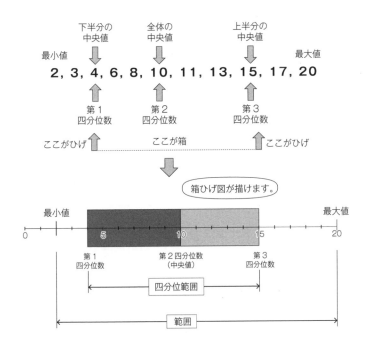

最大値−最小値＝20−2＝18 を**範囲**、

第3四分位数−第1四分位数＝15−4＝11 を**四分位範囲**といいます。

💡 解答

手順1	第2四分位数（＝全体の**中央値**）は、小さいほうから 6 番目で 10
手順2	第1四分位数は、下半分（2、3、4、6、8）の中央値だから 4
手順3	第3四分位数は、上半分（11、13、15、17、20）の中央値だから 15

演習 次のデータは、あるクラスの15人の1週間の学習時間を調べて昇順に並べたものです。☐をうめて箱ひげ図を描いてください。

2、3、4、5、6、6、8、12、13、15、17、18、22、23、24

最小値 ☐

第2四分位数 ☐

第1四分位数 ☐

第3四分位数 ☐

最大値 ☐

範囲 ☐

四分位範囲 ☐

学習時間(1週間)分布
(時間)

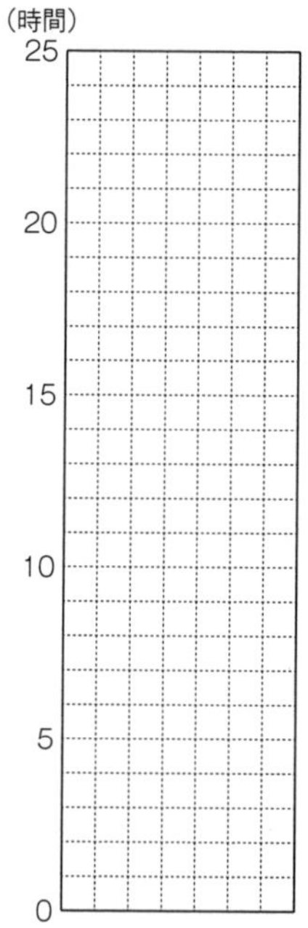

💡 [解答]

最小値　　　 2

第2四分位数　 12

第1四分位数　 5

第3四分位数　 18

最大値　　　 24

範囲　最大値－最小値＝24－2＝ 22

四分位範囲　第3四分位数－第1四分位数＝18－5＝ 13

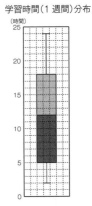

学習時間（1週間）分布

四分位数の求め方から、箱ひげ図には次の性質があります。

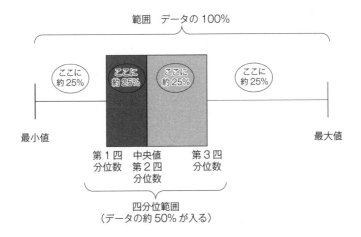

演習 次の表は9日分の弁当実売データです(昇順に並べ替えています)。質問に対する[　　　]をうめて、箱ひげ図を描いてください。

弁当実売データ

16	18	22	28	30	34	38	52	70

第2四分位数(=[　　　])は[　　]

第1四分位数は、下半分4つ(偶数)のデータの中央値だから[　　]

第3四分位数は、上半分4つ(偶数)のデータの中央値だから[　　]

最小値は[　　]、最大値は[　　]

これより、下の箱ひげ図が描けます。

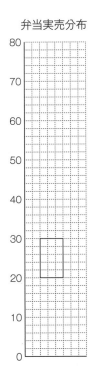

弁当実売分布

範囲＝ ☐
四分位範囲＝ ☐

解答

弁当実売データ

第2四分位数（＝ 中央値 ）は、小さいほうから5番目だから 30

第1四分位数は、下半分4つ（偶数）のデータの中央値だから $\dfrac{18+22}{2}=$ 20

第3四分位数は、上半分4つ（偶数）のデータの中央値だから $\dfrac{38+52}{2}=$ 45

最小値は 16 、最大値は 70

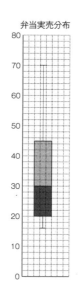

範囲＝70－16＝ 54

四分位範囲＝45－20＝ 25

◆ データが偶数個の場合

手順のながれは奇数の場合と同じなので、演習で確認しましょう。

演習 宅建模試の結果を昇順に並べた表があります。

☐ をうめて箱ひげ図を描いてください。

宅建模試の結果

| 2 | 4 | 6 | 8 | 9 | 13 | 15 | 17 | 18 | 20 |

（点）

第2四分位数（=☐）は、10個（偶数）のデータの中央値だから☐

第1四分位数は、下半分5つ（奇数）のデータの中央値だから☐

第3四分位数は、上半分5つ（奇数）のデータの中央値だから☐

最小値☐、最大値☐ より、

右の箱ひげ図が描けます。

範囲=☐
四分位範囲=☐

宅建試験の結果

解答

宅建模試の結果

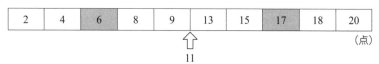

第2四分位数（＝ 中央値 ）は、10個（偶数）のデータの中央値だから $\frac{9+13}{2}=$ 11

第1四分位数は、下半分5つ（奇数）のデータの中央値だから 6

第3四分位数は、上半分5つ（奇数）のデータの中央値だから 17

最小値 2 、最大値 20

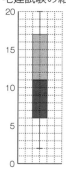

範囲＝20－2＝ 18

四分位範囲＝17－6＝ 11

複数の箱ひげ図を描く

 演習　下の表は、14人の生徒に数学と英語、国語のテスト（満点はそれぞれ100点）を行なった結果を昇順に並べたものです。

3教科テスト結果		
数学	英語	国語
12	32	24
16	36	28
20	40	32
24	44	48
28	48	56
32	52	60
36	56	64
42	60	68
52	64	72
56	72	76
60	76	80
84	80	84
92	88	88
100	96	92

次の表をうめて、箱ひげ図を描いてください。

	数学	英語	国語
最小値	12	32	24
第1四分位数	24		48
第2四分位数		58	
第3四分位数	60		80
最大値	100	96	92

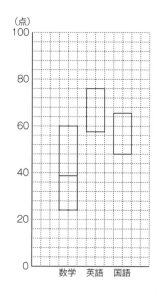

解答

	数学	英語	国語
最小値	12	32	24
第1四分位数	24	44	48
第2四分位数	39	58	66
第3四分位数	60	76	80
最大値	100	96	92

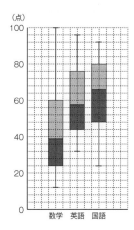

2 箱ひげ図を読む

1つの箱ひげ図を読む

演習 田中さんは数学のテストを受け、44点でした。クラスのテスト結果の箱ひげ図は次のとおりです。田中さんの成績に関する文章の ☐ をうめてください。

田中さんの数学の成績は上位50％に

☐ が、下位25％より

☐ である。

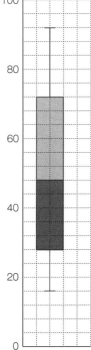

解答

田中さんの数学の成績は上位50％に 入らない が、下位25％より 上 である。

箱ひげ図とヒストグラムの対応を読む

箱ひげ図とヒストグラムの対応がどうなるか考えてみましょう。

100点満点の数学のテストを48人が受けた結果を例として考えます。

点数	人数		
20 〜 25	6		
25 〜 30	6		
30 〜 35	4	⇐	30　第1四分位数
35 〜 40	4		
40 〜 45	4		
45 〜 50	3	⇐	45　第2四分位数
50 〜 55	3		
55 〜 60	3		
60 〜 65	3	⇐	65　第3四分位数
65 〜 70	2		
70 〜 75	2		
75 〜 80	2		
80 〜 85	2		
85 〜 90	2		
90 〜 95	2		

最低点20点　最高点94点

箱ひげ図とヒストグラムは次のとおりです。

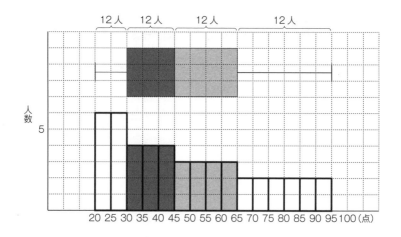

　箱ひげ図とヒストグラムを対応させて眺めると、ひげでも箱でも、長さ(幅)が短いほどデータが集中していることがわかります。

　ひげでも箱でも、長さ(幅)が長いほどデータが散らばっています。

　これが、箱ひげ図とヒストグラムの対応をみるときのポイントです。

 演習　1組、2組、3組の人数はいずれも48人です。この3組が英語の同じテストを受けた結果を度数分布に整理しました。

最低点

点数	1組	2組	3組
	20	20	20
20〜25	5	1	6
25〜30	7	1	6
30〜35	4	2	2
35〜40	5	2	3
40〜45	3	3	2
45〜50	2	3	3
50〜55	4	3	2
55〜60	3	4	1
60〜65	3	3	2
65〜70	2	2	3
70〜75	2	5	1
75〜80	3	4	2
80〜85	2	3	3
85〜90	2	5	5
90〜95	1	7	7
	92	92	92

最高点

第6章 箱ひげ図

度数分布表をもとに、箱ひげ図とヒストグラムを描きました。

箱ひげ図（ア〜ウ）とヒストグラム（a〜c）がそれぞれ、何組に対応するか考え、次の表をうめてください。

	1組	2組	3組
箱ひげ図			
ヒストグラム			

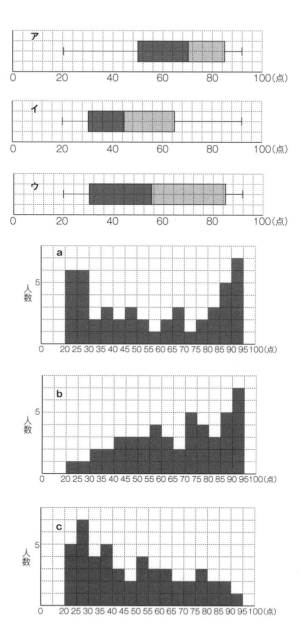

💡 [解答]

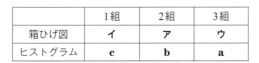

	1組	2組	3組
箱ひげ図	イ	ア	ウ
ヒストグラム	c	b	a

参考に、代表値を整理しておきます。

点数	1組	2組	3組
最低点	20	20	20
第1四分位数	30	50	30
第2四分位数	45	70	55
第3四分位数	65	85	85
最高点	92	92	92

複数の箱ひげ図を読む

ここまで箱ひげ図を描いたり、箱ひげ図とヒストグラムの対応をとらえたりしてきました。これらの作業をとおして、箱ひげ図に慣れたと思います。

じつは、これこそが本章のネライです。

箱ひげ図をみたときに、こんなものなんてことはない。なんでも質問してください！　と思えるぐらい自信がついたと思います。

最後に、箱ひげ図をみて質問に答えるという問題をやってみましょう。

この問題ができれば、箱ひげ図はつかめた！　と自信をもてます。

演習 下の図は、九州のある市の2010年から2013年までにおける8月の最高気温31日分の箱ひげ図です。この箱ひげ図に関する文章の 　　　 に該当する年を入れてください。

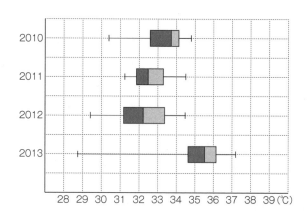

最高気温が31度以下の日が一度もなかったのは 　　　 です。

8月の半分の日数が33度を超えなかったのは 　　　 です。

8月の半分の日数が35度を超えたのは 　　　 です。

8月の約3/4の日数が32度を超えたのは 　　　 です。

解答

最高気温が31度以下の日が一度もなかったのは 2011年 です。

8月の半分の日数が33度を超えないのは 2011年と2012年 です。

8月の半分の日数が35度を超えたのは 2013年 です。

8月の約3/4の日数が32度を超えたのは 2010年と2013年 です。

第7章
クロス集計表

本章で身につく統計分析力

- アンケート調査で、ある質問に対する選択肢が複数個あるとき、回答数を単純に集計するだけでなく、調査対象者の年代など別の要素もふまえて考えられる。

- クロス集計表を作成し、相関関係を整理し、データの傾向を把握できる。

たとえば、このようなアンケート調査を行なったとします。

　数学が　好き　どちらでもない　嫌い
　国語が　好き　どちらでもない　嫌い

おのおのひとつ選んでください。

これはカテゴリーデータです。これまでは、第2章のように数学と国語を別々に分析しました。ここでは、数学も国語も好きな人は？　数学は嫌いで国語はどちらでもない人は？

……と、数学と国語の相関関係を見やすく整理する、クロス集計表をとりあげます。

クロス集計表は、相関関係を調べたい2つの変量(この場合は数学と国語)を縦と横に配置すれば簡単につくれます。

クロス集計表は、マーケティングでターゲット顧客の絞り込みに欠かせない手法です。たとえばWebサイトでの商品Aを説明する特集ページの閲覧有無と、商品Aの購入有無の人数(年齢層別)をクロス集計表にすることによって、どの層がターゲットになりうるか見当がつけられます。

1 クロス集計表を読む

 例 ある学校の6年生、男女各100人にアンケートをしました。

数学の授業について、あなたはどう感じていますか。
1、2、3のなかからひとつ選んでください。

1 難しい
2 だいたいわかる
3 やさしい

表1はその結果を整理したものです。

表1

性別	感想	度数
男	1	15
男	2	30
男	3	55
女	1	25
女	2	45
女	3	30

この表をクロス集計表にします。

	感想			
	1	2	3	総計
男	15	30	55	100
女	25	45	30	100
総計	40	75	85	200

1　難しい　　　2　だいたいわかる　　　3　やさしい

男女と感想の相関関係を読んでみましょう。

男子と比べて、女子のほうが難しいと感じている人の割合が□□□、やさしいと感じている人の割合が□□□傾向がみられます。

ちなみに男女は□□□データ、感想（1、2、3）は□□□データです。

解答

男子と比べて、女子のほうが難しいと感じている人の割合が 多く 、やさしいと感じている人の割合が 少ない 傾向がみられます。

ちなみに男女は 順序のないカテゴリー データ、感想（1、2、3）は 順序のあるカテゴリー データです。

2 クロス集計表で分析する

演習 20歳から24歳　　　100人
　　　　25歳から29歳　　　100人
　　　　30歳から34歳　　　100人
　　　　35歳から39歳　　　100人
の計400人の独身女性にアンケート調査を行ないました。

```
　あなたは結婚相手のどこを最も重視しますか？　1、2、3
のなかからひとつ選んでください。

　1　外見　　　2　収入　　　3　性格
　　　　　　　　　　　　　　　　　番号（　　　）
```

アンケートの結果は次表のとおりです。

年齢帯	最も重視する結婚条件	人数
20～24	1	20
	2	35
	3	45
25～29	1	19
	2	50
	3	31
30～34	1	18
	2	70
	3	12
35～39	1	18
	2	75
	3	7

この表をもとに、年齢帯と結婚条件の相関関係をみるためのクロス集計表を完成させ、アンケート結果の分析を書いてください。

		最も重視する結婚条件			総計
		1	2	3	
年齢帯	20～24		35		100
	25～29	19		31	100
	30～34	18	70		100
	35～39			7	100
	総計				400

アンケート結果の分析

💡 **解答**

		最も重視する結婚条件			総計
		1	2	3	
年齢帯	20〜24	20	35	45	100
	25〜29	19	50	31	100
	30〜34	18	70	12	100
	35〜39	18	75	7	100
	総計	75	230	95	400

アンケート結果の分析(解答例)

　外見重視(イケメンじゃなきゃ)という女性は、20歳から39歳まで年齢にかかわりなく、一定の割合(20%程度)いるようです。また、年齢が上がるにつれて、性格よりも収入を重視する傾向がみられ、30代では7割以上の女性がそう考えているようです。

第8章
散布図

本章で身につく統計分析力

- 2つの量的データの散布図を描き、データの相関関係を把握できる。

第7章では、2つのカテゴリーデータの相関関係をクロス集計表でとらえました。

ここでは身長と体重、喫煙率とがん罹患率、最高気温とスポーツドリンクの売上……など、**2つの量的データの相関関係をビジュアル的にとらえる散布図**をとりあげます。

たとえば、気候リスクの大きい衣料品販売では、秋冬コートの販売量を管理するために1週間の平均気温を横軸に、同じ1週間におけるコートの売上高を縦軸に取った散布図を描きます。何年間のデータにもとづいて描くことにより、ある温度を目安にコートの売上が増え始めるというような傾向を視覚的につかむことができます。

1 散布図の描き方

 下表は、ある学校の中学1年生から無作為に10人選んで行なった、国語と英語（各20点満点）のテストの結果です。

国語と英語の点数の関係を散布図であらわしてください（生徒1と2をあらわす点は描き込んでいます。生徒3〜10をあらわす点を同様なやり方でとってください）。

生徒No.	国語（点）	英語（点）
1	12	14
2	15	11
3	19	16
4	17	20
5	13	16
6	9	7
7	18	15
8	16	19
9	7	9
10	14	12

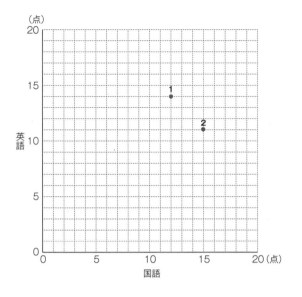

 解答

生徒1、2と同様に点をとっていくと、下のような散布図が描けます。

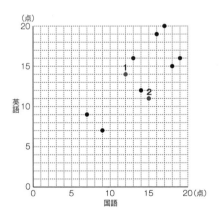

2 散布図を読む

問題 意味を考えながら  をうめて、散布図の読み方を覚えましょう。

地方のあるスーパーの2つの店舗A、Bについて、販促チラシの枚数と来客数の関係を、横軸にチラシの枚数、縦軸に来客数をとって散布図にしました。

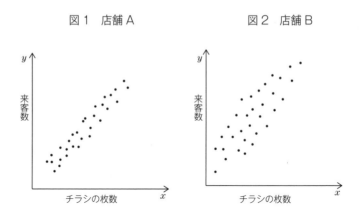

図1　店舗A　　　　図2　店舗B

図1、図2ともに販促チラシの枚数が多いほど、来客数が増える傾向がみられます。

こういう、右肩上がりの傾向がみられる散布図の場合、2つの変量（販促チラシの枚数と来客数）には　　　　　相関関係があるといいます。

図1のA店のほうがその傾向が強く、□□□相関関係があるといい、図2の場合は□□□相関関係があるといいます。

[解答]

順に 正の 、 強い正の 、 弱い正の

[問題] 老舗デパートの伊勢屋では、営業マンの残業時間と売上高(1ヶ月)の関係を、散布図にしました。

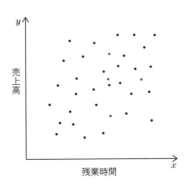

残業時間と売上高のあいだには、相関関係が□□□。

[解答] ない

問題 P不動産はA駅とB駅の駅前に店舗があります。A駅およびB駅から、扱っているマンション（3DK築5年以内）までの距離と家賃の関係を、横軸に距離、縦軸に家賃をとって散布図にしました。

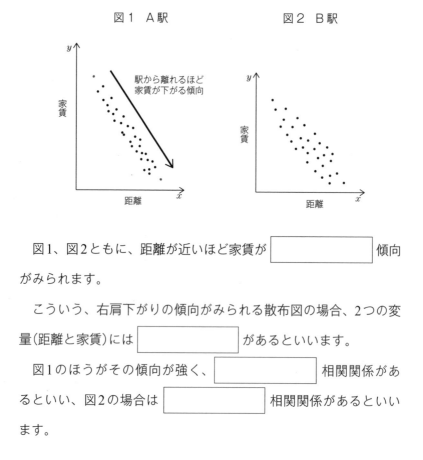

図1、図2ともに、距離が近いほど家賃が〔　　　〕傾向がみられます。

こういう、右肩下がりの傾向がみられる散布図の場合、2つの変量（距離と家賃）には〔　　　〕があるといいます。

図1のほうがその傾向が強く、〔　　　〕相関関係があるといい、図2の場合は〔　　　〕相関関係があるといいます。

解答

|高い|　　|負の相関関係|
|強い負の|　　|弱い負の|

3 散布図で分析する

問題　無作為に20人の会社員を選んで、1ヶ月の収入（手取り）と支出を調査しました。下表がその結果です。

この結果をもとに散布図を描いて（No.1〜No.16はすでに描き込んであります）、収入と支出の関係を分析してください。

会社員No.	収入(万)	支出(万)	会社員No.	収入(万)	支出(万)
1	40	34	11	32	24
2	30	20	12	26	14
3	20	12	13	24	12
4	28	14	14	36	18
5	30	22	15	28	24
6	34	26	16	32	22
7	24	14	17	28	16
8	34	30	18	22	18
9	38	32	19	36	20
10	26	18	20	38	26

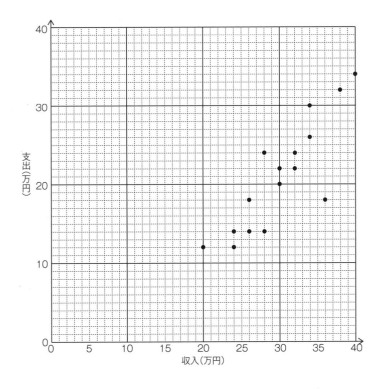

収入と支出のあいだには、□□□□□□関係があります。

解答

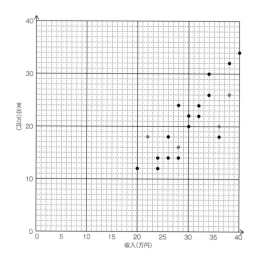

収入と支出のあいだには 正の相関 関係があります。

※相関関係の程度は、次の第9章で相関係数を用いてきちんと判断します。

コラム
散布図と平均で経営分析

問題 焼き鳥の鳥男爵は、ある駅の近くに、A、B、C、Dの4店舗を出店しています。

不景気の折、スタッフの配置が適正かどうか現状を把握しようと思います。

6月度の各店の売上額とスタッフ累計の一覧表のデータを分析して、スタッフの配置が適正かどうか現状について考察してください。

6月度売上額		
店舗	売上(万)	スタッフ累計(人)
A	400	150
B	500	250
C	1300	300
D	1000	200

以下、手順にしたがってやってください。

手順1 A～D店をあらわす点を描き入れる（散布図を描いてください）。

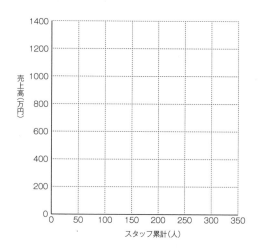

手順2 合計と平均を計算する。

6月度売上額		
店舗	売上(万)	スタッフ累計(人)
A	400	150
B	500	250
C	1300	300
D	1000	200
計		
平均		

|手順3| 手順1の散布図に、売上額とスタッフ累計のそれぞれの平均をあらわす直線を描き入れる。

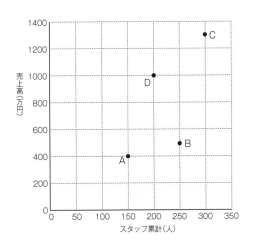

|手順4| スタッフ配置の現状を考察する。

手順3より、スタッフの配置に一番問題があるのは 店です。

💡 [解答]

|手順1|
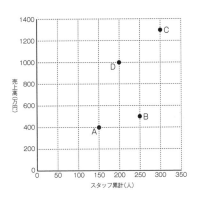

手順2

店舗	6月度売上額	
	売上(万円)	スタッフ累計(人)
A	400	150
B	500	250
C	1300	300
D	1000	200
計	**3200**	**900**
平均	**800**	**225**

手順3

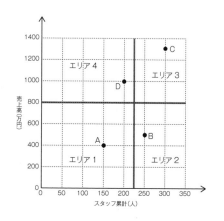

手順4

エリア1にあるA店は、スタッフが少なく売上額も少ない(まあまあ)。

エリア2にあるB店は、スタッフが多いわりに売上額が少ない(問題あり)。

エリア3にあるC店は、スタッフも売上額も多い(まあまあ)。

エリア4にあるD店は、スタッフが少ないわりに売上額が多い(がんばっている)。

以上より、スタッフの配置に一番問題があるのは B 店です。

　このように、散布図＋平均による経営分析は、簡単で有用な分析手法です！

第9章
相関係数

本章で身につく統計分析力

● 標準偏差や共分散から相関係数を求め、2つの変量の相関関係の程度を理解できる。

第8章では、2つの量的データの相関関係をビジュアル的にとらえる散布図をとりあげました。散布図から、2つの量的データの間に強い正の相関関係がある、相関関系がない、弱い負の相関関係がある……などを読み取りました。

この2つの量的データの相関関係を、散布図ではなく数値であらわしたのが、この章で取り扱う相関係数です。

実用面では、第8章の続きですが、ある温度を目安にコートの売上が増え始めるというような傾向を視覚的につかむことができた場合、それより低い温度では、平均気温と売上高にどの程度の相関があるかを相関係数で求めることにより、販売量の目標を決定するうえにおいて、どの程度気温を重視するかの目安がえられます。

1 相関係数の計算

まずは例を通して相関係数の計算のやり方をつかみましょう。

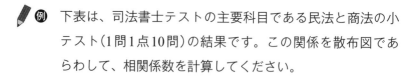 下表は、司法書士テストの主要科目である民法と商法の小テスト（1問1点10問）の結果です。この関係を散布図であらわして、相関係数を計算してください。

司法書士小テスト		
受験番号	民法(x)	商法(y)
1	5	4
2	4	5
3	6	7
4	7	6
5	8	9
6	6	5
7	5	6
8	8	7
9	7	8
10	4	3

受験番号1〜8はすでに描き込んであるので、受験番号9と10をあらわす点を描いて、散布図を完成させてください。

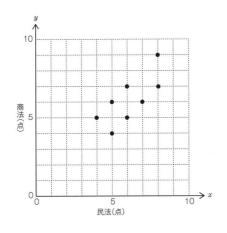

この散布図の相関係数は以下の手順で求めます。

|手順1| 民法(x)の標準偏差
|手順2| 商法(y)の標準偏差
|手順3| 民法(x)と商法(y)の共分散
|手順4| 相関係数の計算

標準偏差の計算は第5章の復習だから、新たに覚えるのは**共分散**（2つのデータの関係の強さをあらわす）の計算です。

💡 **解答**

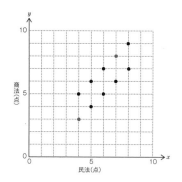

では手順1〜4にそってやりましょう。

手順1 民法(x)の標準偏差を計算(詳しくは第5章を参照)

司法書士小テスト			
受験番号	民法(x)	偏差	偏差の2乗
1	5	−1	1
2	4		4
3	6	0	0
4	7	1	1
5	8	2	
6	6	0	0
7	5		1
8	8	2	4
9	7	1	1
10	4		
計	60		

xの平均は

$$\boxed{} \div \boxed{} = \boxed{}$$

分散$(\sigma^2) = \boxed{} \div \boxed{} = \boxed{}$

xの標準偏差$(\sigma) = \sqrt{\boxed{}} = $ 約 $\boxed{}$

💡 **解答**

司法書士小テスト			
受験番号	民法(x)	偏差	偏差の2乗
1	5	−1	1
2	4	−2	4
3	6	0	0
4	7	1	1
5	8	2	4
6	6	0	0
7	5	−1	1
8	8	2	4
9	7	1	1
10	4	−2	4
計	60		20

xの平均は

$\boxed{60} \div \boxed{10} = \boxed{6}$

分散$(\sigma^2) = \boxed{20} \div \boxed{10} = \boxed{2}$

xの標準偏差$(\sigma) = \sqrt{\boxed{2}} = $ 約 $\boxed{1.4}$

第9章 相関係数

手順2 商法(y)の標準偏差

ここは手順1と同様ですから、途中経過は省略します。

yの標準偏差 $(\sigma) = \sqrt{3} = 1.7$

手順3 共分散の計算

共分散 = $\dfrac{(x の偏差) \times (y の偏差) の和}{データ数}$ で計算します。

次表をうめて計算してください。

と ─ をかける

受験番号	民法(x)	xの偏差	商法(y)	yの偏差	xの偏差×yの偏差
1	5	5−6	4	4−6	(5−6)×(4−6)
2	4	4−6	5	5−6	(4−6)×(5−6)
3	6	6−6	7	7−6	(6−6)×(7−6)
4	7		6		
5	8		9		
6	6	6−6	5	5−6	(6−6)×(5−6)
7	5	5−6	6	6−6	(5−6)×(6−6)
8	8	8−6	7	7−6	(8−6)×(7−6)
9	7	7−6	8	8−6	(7−6)×(8−6)
10	4	4−6	3	3−6	(4−6)×(3−6)
計	60		60		20

足す

xの平均6　yの平均6

共分散 = $\dfrac{(x の偏差) \times (y の偏差) の和}{データ数} = \dfrac{\boxed{}}{\boxed{}} = \boxed{}$

128

[解答]

4	7	7−6	6	6−6	(7−6)×(6−6)
5	8	8−6	9	9−6	(8−6)×(9−6)

共分散 = $\dfrac{(xの偏差)×(yの偏差)の和}{データ数}$ = $\dfrac{20}{10}$ = 2

手順4 相関係数の計算

　　x の標準偏差は1.4

　　y の標準偏差は1.7

　　x と y の共分散は2　でした。

　　これを下式に入れて計算してください。

相関係数 = $\dfrac{共分散}{(xの標準偏差)×(yの標準偏差)}$

= $\dfrac{\boxed{}}{\boxed{}×\boxed{}}$ = $\boxed{}$

[解答]

相関係数 ＝ $\dfrac{共分散}{(xの標準偏差) \times (yの標準偏差)}$ ＝ $\dfrac{\boxed{2}}{\boxed{1.4} \times \boxed{1.7}}$ ＝ $\boxed{0.84}$

> **まとめ**
> 相関係数は、xとyの共分散を、xの標準偏差とyの標準偏差をかけたもので割って計算します

[演習] xの分散64、yの分散36、xとyの共分散24のとき、相関係数を計算してください。

相関係数 ＝ $\dfrac{共分散}{(xの標準偏差) \times (yの標準偏差)}$

＝ $\dfrac{\boxed{}}{\boxed{} \times \boxed{}}$ ＝ $\boxed{}$

[解答]

相関係数 ＝ $\dfrac{共分散}{(xの標準偏差) \times (yの標準偏差)}$ ＝ $\dfrac{\boxed{24}}{\boxed{8} \times \boxed{6}}$ ＝ $\boxed{0.5}$

　　　　　　　　　　　　　　　　　　　　↑　　↑
　　　　　　　　　　　　　　　　　　　$\sqrt{64}$　$\sqrt{36}$

2 相関係数を読む

相関係数を読むとは、相関係数をみたとき、正の相関関係がある、相関関係がない……などの判断をすることです。

そのためには、相関係数と対応する散布図を結びつける練習をすることが必要です。

問題 相関係数と散布図の関係を述べた以下の文の をうめましょう。

相関係数を r であらわすとき

① $r>0$ のとき

さしあたり _____ の相関関係があります。

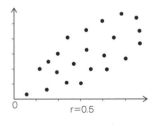 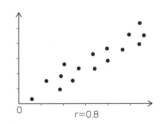

$r=1$ に近づくほど直線的なイメージになります。

② $r=0$ のとき

相関関係が ☐ 。

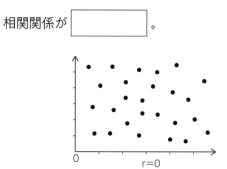

③ $r<0$ のとき

さしあたり ☐ の相関関係があります。

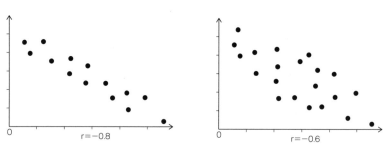

$r=-1$ に近づくほど直線的なイメージになります。

[解答]

① 正　　② ない　　③ 負

相関係数の一応の目安

0.0 ～ 0.2　ほとんど相関がない
0.2 ～ 0.4　弱い正の相関がある
0.4 ～ 0.7　正の相関がある
0.7 ～ 0.9　強い正の相関がある
0.9 ～ 1.0　非常に強い正の相関がある

負の相関の場合もこれに準じます。
　たとえば、－0.9 ～ －0.7 なら、強い負の相関がある。

数値を細かく覚える必要はありません。そのつど参照で結構です。

3 相関係数で分析する

 演習　下表は、ある学校の中学3年生から無作為に10人選んで行なった、国語と数学（各10点満点）のテストの結果です。

散布図（No.1 〜 5はすでに描いてあります）を描いて相関係数を求め、国語と数学のテストの関係を分析してください。

生徒No.	国語（点）	数学（点）
1	5	4
2	9	8
3	5	3
4	8	7
5	6	5
6	2	2
7	5	7
8	7	4
9	10	8
10	3	2

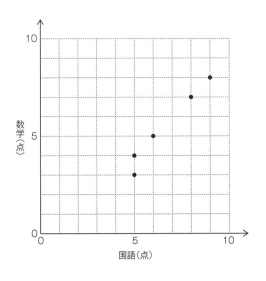

生徒No.	国語（点）	偏差	偏差の2乗	数学（点）	偏差	偏差の2乗	偏差×偏差
1	5	−1	1	4	−1	1	1
2	9	3	9	8	3	9	
3	5	−1	1	3	−2	4	2
4	8	2	4	7	2	4	4
5	6	0	0	5			0
6	2			2	−3	9	12
7	5	−1	1	7			−2
8	7	1	1	4	−1	1	−1
9	10	4	16	8	3	9	
10	3			2	−3	9	9
計	60		58	50		50	46

国語の平均＝ □ ÷ □ ＝ □

分散(σ^2)＝ □ ÷ □ ＝ □

標準偏差(σ)＝$\sqrt{\Box}$ ≒ 2.4

数学の平均＝ □ ÷ □ ＝ □

分散(σ^2)＝ □ ÷ □ ＝ □

標準偏差(σ)＝$\sqrt{\Box}$ ≒ 2.2

共分散＝$\dfrac{(x\text{の偏差})\times(y\text{の偏差})\text{の和}}{\text{データ数}}$＝$\dfrac{\Box}{\Box}$＝□

相関係数＝$\dfrac{\text{共分散}}{(x\text{の標準偏差})\times(y\text{の標準偏差})}$

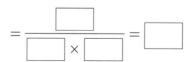

相関係数が □ なので、

国語の点数と数学の点数には、

□ 正の相関関係があります。

💡 解答

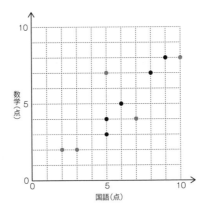

生徒No	国語(点)	偏差	偏差2乗	数学(点)	偏差	偏差2乗	偏差×偏差
1	5	-1	1	4	-1	1	1
2	9	3	9	8	3	9	9
3	5 -6⇒ -1	1	3 -5⇒ -2	4	2
4	8 -6⇒ 2	4	7 -5⇒ 2	4	4
5	6	0	0	5	0	0	0
6	2	-4	16	2	-3	9	12
7	5	-1	1	7	2	4	-2
8	7	1	1	4	-1	1	-1
9	10	4	16	8	3	9	12
10	3	-3	9	2	-3	9	9
計	60		58	50		50	46

国語の平均＝ 60 ÷ 10 ＝ 6

分散(σ^2)＝ 58 ÷ 10 ＝ 5.8

標準偏差(σ)＝ $\sqrt{5.8}$ ≒ 2.4

数学の平均 = $\boxed{50}$ ÷ $\boxed{10}$ = $\boxed{5}$

分散(σ^2) = $\boxed{50}$ ÷ $\boxed{10}$ = $\boxed{5}$

標準偏差(σ) = $\sqrt{\boxed{5}}$ ≒ 2.2

共分散 = $\dfrac{(x の偏差) \times (y の偏差) の和}{データ数}$ = $\dfrac{\boxed{46}}{\boxed{10}}$ = $\boxed{4.6}$

相関係数 = $\dfrac{共分散}{(x の標準偏差) \times (y の標準偏差)}$ = $\dfrac{\boxed{4.6}}{\boxed{2.4} \times \boxed{2.2}}$ = $\boxed{0.87}$

相関係数が $\boxed{0.87}$ なので、

国語の点数と数学の点数には、

$\boxed{強い}$ 正の相関関係があります。

第10章
単回帰分析

本章で身につく統計分析力

- 2つの変量xとyの関係が$y=ax+b$という一次関数で成り立つとき(単回帰分析)、この式を使って変量を予測できる。
- エクセルで散布図を作成し、単回帰分析できる。

第9章では、2つの量的データの相関関係を数値であらわす相関係数をとりあげました。

この章では、相関係数の大きさの絶対値が1に近く、強い正(または負)の相関関係がある場合に、散布図のすべての点の(全体として)最も近くを通る直線を求める単回帰分析をとりあげます。

実用面で、第8章と第9章の続きですが、相関係数では、平均気温を販売量の目標を決定する際に、どの程度気温を重視するかの目安がえられるだけですが、単回帰分析をすることにより、この気温ならこの売上という、より正確な予測がたてられます。

1 単回帰分析とは

　単回帰分析とは、散布図のすべての点のできるだけ近くを通る直線の式、$y=ax+b$を求めることです。

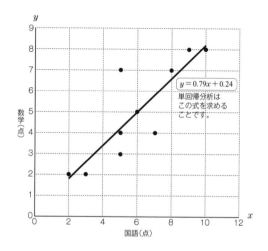

2 単回帰分析の式の求め方

下図の場合

$(d_1)^2 + (d_2)^2 + (d_3)^2 + (d_4)^2 + (d_5)^2 + (d_6)^2$

の値が最小になるように、

$y = ax + b$ の a と b を決めます。

これを**最小2乗法**といいます。

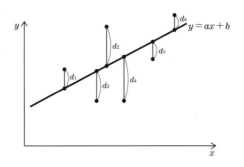

手計算では大変ですが、Excelを使うと簡単です。本章の最後にやり方を載せています。

ここからは、計算は省略して、単回帰分析の使い方を学習します。

3 単回帰分析で予測する

✏️ 例 $y=ax+b$ とおいて、最小2乗法で $y=3x+2$ を求めました(＝ [　　　　] 分析しました)。

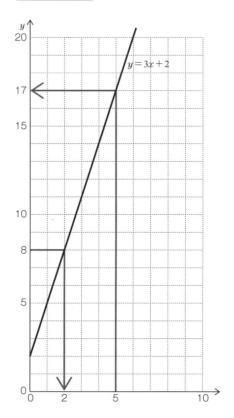

この式を使うと、

$x=5$ のとき　$y=$ ☐

$y=8$ のとき　$x=$ ☐

と予想することができます。

💡 解答

単回帰 分析

$$y = 3\overset{5\downarrow}{x} + 2 = 3 \times 5 + 2 = \boxed{17}$$

$$\overset{8\downarrow}{y} = 3x + 2$$

$8 = 3x + 2$

$-3x = 2 - 8 = -6$ （移行：符号が変わる）

$x = -6 \times \left(-\dfrac{1}{3}\right)$

$x = \boxed{2}$

✏️ **演習** ビールの売上(x)万円と、つまみの売上(y)万円のデータを散布図にしてみると、強い正の相関関係があるように思われたので、単回帰分析したところ、

$y = 0.8x + 12$ が得られました。つまみの売上が18.4万円のとき、ビールの売上はいくらと予測できるでしょうか。☐ をうめて答えてください。

☐ $= 0.8x + 12$ を解いて

$x =$ ☐

つまみの売上が18.4万円のとき、ビールの売上は ☐ 万円と予測できます。

💡 **解答**

$\overset{18.4}{\Downarrow}$
$y = 0.8x + 12$

$\boxed{18.4} = 0.8x + 12$

$-0.8x = -18.4 + 12$

$-0.8x = -6.4$

$x = -6.4 \div (-0.8) = \boxed{8}$

ビールの売上は $\boxed{8}$ 万円と予測できます。

> コラム
単回帰分析はExcelなら簡単

　第9章でとりあげた、民法と商法のテスト結果(124ページ)の散布図を描くところから説明します。

手順1　散布図にしたい範囲をドラッグ

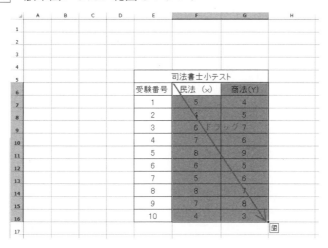

手順2　「挿入」→「散布図(X、Y)または、バブルチャートの挿入」の順にクリック

|手順3| 散布図のなかから選択してクリック

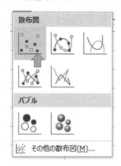

散布図ができます。

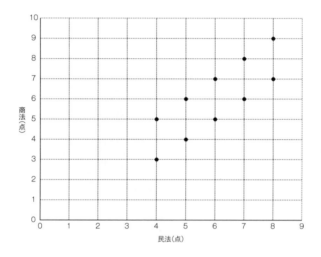

手順4 散布図の1点を右クリックし「近似曲線の追加」をクリック

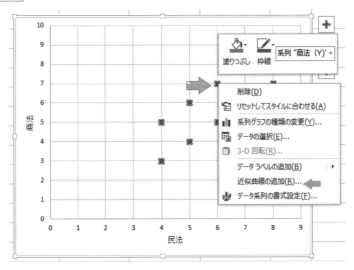

手順5 「線形近似」を選び、「グラフに数式を表示する」にチェック

直線の式が求まります(単回帰分析できます)

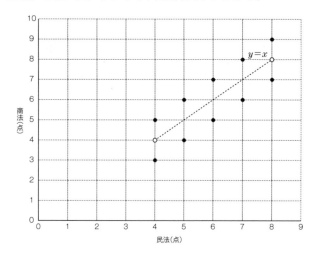

第11章
正規分布と偏差値

本章で身につく統計分析力

- 正規分布の特徴を理解し、偏差値や100人中のおおよその順位がわかる。
- 偏差値でさまざまな結果を評価できる。

この章では正規分布と偏差値をとりあげます。

偏差値は「芸能人Aの出身校の偏差値は60」のような使われ方をします。偏差値60といえば、芸能人Aは結構かしこいんだなあと感じます。それほどなじみがある数値です。

この偏差値のもとになっているのが正規分布です。正規分布とは、データの分布が平均値を頂点に、左右対称の鐘釣型であらわされるものをいいます。偏差値とは、正規分布しているデータのなかで100人中何番くらいかをあらわしているのです。

正規分布は世の中いたるところでみられ、偏差値とくれば試験の点数ということで話は終わりそうですが、偏差値はビジネスの現場でも使われます。たとえば営業マンの売上を(試験の点数のようにとらえて)偏差値であらわすという使い方もできます。

ということで、まずは正規分布からはじめましょう。

1 正規分布とは

　正規分布は、全国の中学生の**身長**や**体重**の分布、多くの人が参加する模擬**テスト**の点数の分布など、いたるところでみられます。

　正規分布をする100点満点のテストの点数の分布でその特徴をみてみると、平均点の人数がいちばん多く、0点や100点に近づくほど人数が少なくなり、下図のような**左右対称の釣鐘型**になります。

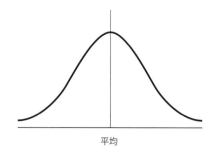

2 正規分布の性質

◆(平均－標準偏差)と(平均＋標準偏差)の範囲に、データの**約68%**が入ります。

問題 国語のテストの結果が、平均点60点、標準偏差が15点の正規分布をしているとします。

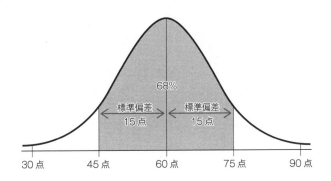

平均－標準偏差＝ ☐ － ☐ ＝ ☐

平均＋標準偏差＝ ☐ ＋ ☐ ＝ ☐

だから、☐点から☐点までの範囲に、データの約☐%が入ります。

💡 **解答**

平均−標準偏差＝ 60 − 15 ＝ 45

平均＋標準偏差＝ 60 ＋ 15 ＝ 75

だから、 45 点から 75 点までの範囲に、データの約 68 ％が入ります。

◆（平均−2×標準偏差）と（平均＋2×標準偏差）の範囲には**約95%**が入ります。

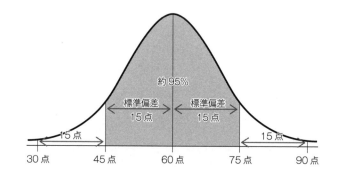

平均−2×標準偏差＝ □ −2× □ ＝ □

平均＋2×標準偏差＝ □ ＋2× □ ＝ □

だから、 □ 点から □ 点までの範囲に、

データの約 □ ％が入ります。

💡 **[解答]**

平均 − 2 × 標準偏差 = $\boxed{60}$ − 2 × $\boxed{15}$ = $\boxed{30}$

平均 + 2 × 標準偏差 = $\boxed{60}$ + 2 × $\boxed{15}$ = $\boxed{90}$

だから、$\boxed{30}$ 点から $\boxed{90}$ 点までの範囲に、データの約 $\boxed{95}$ %が入ります。

✏️ **演習** ある市の中学2年生2500人の身長のデータは、正規分布をしており、平均が165cm、標準偏差が5cmでした。160cmから170cmの範囲に約何人いますか。

☐ をうめて答えてください。

平均 − 標準偏差 = ☐ から

平均 + 標準偏差 = ☐ まで

の範囲に、データの約68%が入ります。

全体が2500人だから、

約 ☐ 人です。

💡 **[解答]**

平均 − 標準偏差 = 165 − 5 = $\boxed{160\text{cm}}$ から

平均 + 標準偏差 = 165 + 5 = $\boxed{170\text{cm}}$ まで

の範囲に、データの約68%が入ります。

全体が2500人だから、約 $\boxed{1700}$ 人です（2500 × 0.68 = 1700）。

◆ $N(\mu, \sigma^2)$

　平均がμ（ミュー）、**標準偏差が**σ（シグマ）の正規分布を $N(\mu, \sigma^2)$ とあらわします。

　性質は、平均が60、標準偏差が15の正規分布と同様です。

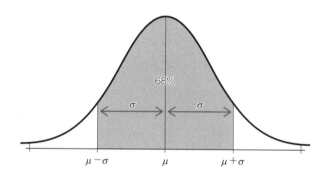

平均－標準偏差＝ □ － □

平均＋標準偏差＝ □ ＋ □

だから、□ から □ までの範囲に、データの約 □ ％が入ります。

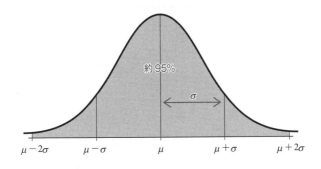

平均−2×標準偏差＝ □ − □

平均＋2×標準偏差＝ □ ＋ □

だから、□ から □ までの範囲に、

データの約 □ ％が入ります。

💡 [解答]

平均−標準偏差＝ μ − σ

平均＋標準偏差＝ μ ＋ σ

だから、$\mu-\sigma$ から $\mu+\sigma$ までの範囲に、データの約 68 ％が入ります。

平均−2×標準偏差＝ μ − 2σ

平均＋2×標準偏差＝ μ ＋ 2σ

だから、$\mu-2\sigma$ から $\mu+2\sigma$ までの範囲に、データの約 95 ％が入ります。

3 正規分布と偏差値

問題 平均が60点、標準偏差が15点の正規分布で、偏差値と100人中の順位の対応を考えましょう。

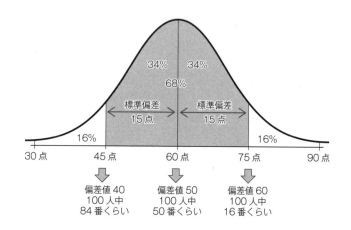

上図のように、

平均 ☐ 点に対応する偏差値が ☐ で、
100人中 ☐ 番くらいの順位です。

平均＋標準偏差＝ ☐ ＋ ☐ ＝ ☐ 点
に対応する偏差値が ☐ で、

100人中 ☐ 番くらいの順位です。

平均－標準偏差＝ ☐ － ☐ ＝ ☐ 点
に対応する偏差値が ☐ で、
100人中 ☐ 番くらいの順位です。

💡 **解答**

平均 $\boxed{60}$ 点に対応する偏差値が $\boxed{50}$ で、100人中 $\boxed{50}$ 番くらいの順位です。

平均＋標準偏差＝ $\boxed{60}$ ＋ $\boxed{15}$ ＝ $\boxed{75}$ 点
に対応する偏差値が $\boxed{60}$ で、100人中 $\boxed{16}$ 番くらいの順位です。

平均－標準偏差＝ $\boxed{60}$ － $\boxed{15}$ ＝ $\boxed{45}$ 点
に対応する偏差値が $\boxed{40}$ で、100人中 $\boxed{84}$ 番くらいの順位です。

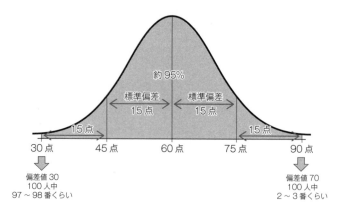

上図のように、

平均＋2×標準偏差＝ □ ＋ □ ＝ □ 点

に対応する偏差値が □ で、

100人中 □ 番くらいの順位です。

平均－2×標準偏差＝ □ － □ ＝ □ 点

に対応する偏差値が □ で、

100人中 □ 番くらいの順位です。

💡 **解答**

平均＋2×標準偏差＝60＋2×15＝ 60 ＋ 30 ＝ 90 点
に対応する偏差値が 70 で、
100人中 2〜3 番くらいの順位です。

平均－2×標準偏差＝60－2×15＝ $\boxed{60}$ － $\boxed{30}$ ＝ $\boxed{30}$ 点

に対応する偏差値が $\boxed{30}$ で、

100人中 $\boxed{97〜98}$ 番くらいの順位です。

演習 ある全国模試の数学の点数は、平均が50点、標準偏差が5点でした。 $\boxed{}$ をうめてください。

- 50点は偏差値になおすと $\boxed{}$

  100人中 $\boxed{}$ 番くらい

- 60点は偏差値になおすと $\boxed{}$

  100人中 $\boxed{}$ 番くらい

- 55点は偏差値になおすと $\boxed{}$

  100人中 $\boxed{}$ 番くらい

- 45点は偏差値になおすと $\boxed{}$

  100人中 $\boxed{}$ 番くらい

- 40点は偏差値になおすと $\boxed{}$

  100人中 $\boxed{}$ 番くらいの順位

解答

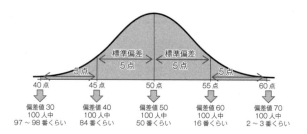

- 50点は偏差値になおすと 50

  100人中 50 番くらい

- 60点は偏差値になおすと 70

  100人中 2〜3 番くらい

- 55点は偏差値になおすと 60

  100人中 16 番くらい

- 45点は偏差値になおすと 40

  100人中 84 番くらい

- 40点は偏差値になおすと 30

  100人中 97〜98 番くらいの順位

4 偏差値を計算する

問題 平均点が40点、標準偏差8点の正規分布の点数と偏差値の関係は、これまでの学習から下図のとおりです。

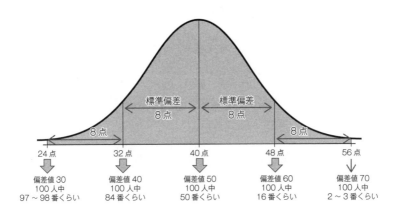

この正規分布の点数は、下記の計算で偏差値になおせます。

● 平均40点を偏差値になおす

$$(40 - 40) \div 8 \times 10 + 50 = 50$$

↑ 平均　↑ 標準偏差　↑ 10倍　↑ 50を足す　↑ 偏差値

● 平均＋標準偏差の48点を偏差値になおす

$(\boxed{} - 40) \div 8 \times 10 + 50 = \boxed{}$

　　↑　　　　↑　　↑　　↑　　　　↑
　　平均　　標準　10倍　50を　　偏差値
　　　　　　偏差　　　　足す

● 平均－標準偏差の32点を偏差値になおす

$(\boxed{} - \boxed{}) \div \boxed{} \times 10 + 50 = \boxed{}$

　　↑　　↑　　　↑　　↑　　↑　　　↑
　　平均　標準　10倍　50を　　　偏差値
　　　　　偏差　　　　足す

● 平均＋2×標準偏差の56点を偏差値になおす

$(\boxed{} - \boxed{}) \div \boxed{} \times \boxed{} + \boxed{} = \boxed{}$

● 平均－2×標準偏差の24点を偏差値になおす

$(\boxed{} - \boxed{}) \div \boxed{} \times \boxed{} + \boxed{} = \boxed{}$

💡 **解答**

●平均＋標準偏差の48点を偏差値になおす

($\boxed{48}$ − 40) ÷ 8 × 10 + 50 = $\boxed{60}$
　　↑　　　　↑　　↑　　↑　　　↑
　　平均　標準　10倍　50を　偏差値
　　　　　偏差　　　　足す

●平均−標準偏差の32点を偏差値になおす

($\boxed{32}$ − $\boxed{40}$) ÷ $\boxed{8}$ × 10 + 50 = $\boxed{40}$
　　↑　　　↑　　　↑　　　↑　　　↑
　　平均　標準　10倍　50を　偏差値
　　　　　偏差　　　　足す

●平均＋2×標準偏差の56点を偏差値になおす

($\boxed{56}$ − $\boxed{40}$) ÷ $\boxed{8}$ × $\boxed{10}$ + $\boxed{50}$ = $\boxed{70}$

●平均−2×標準偏差の24点を偏差値になおす

($\boxed{24}$ − $\boxed{40}$) ÷ $\boxed{8}$ × $\boxed{10}$ + $\boxed{50}$ = $\boxed{30}$

結局、点数が正規分布しているとき、これを偏差値になおすには、次の式を使います。

$$（点数−平均点）÷ \frac{標準}{偏差} × 10 + 50 = 偏差値$$

演習 A君は模擬テストを4回受けました。各回のA君の点数と、そのときの全体の点数の分布は以下のとおりです。各回のA君の偏差値を計算してください。

第1回　420点　N(350, 50²)

(□ − □) ÷ □ × □ + □ = □ (偏差値)

第2回　232点　N(212, 40²)

(□ − □) ÷ □ × □ + □ = □ (偏差値)

第3回　217　N(250, 30²)

(□ − □) ÷ □ × □ + □ = □ (偏差値)

第4回　220　N(262, 24²)

(□ − □) ÷ □ × □ + □ = □ (偏差値)

💡 解答

第1回

($\boxed{420}$ − $\boxed{350}$) ÷ $\boxed{50}$ × $\boxed{10}$ + $\boxed{50}$ = $\boxed{64}$ （偏差値）

第2回

($\boxed{232}$ − $\boxed{212}$) ÷ $\boxed{40}$ × $\boxed{10}$ + $\boxed{50}$ = $\boxed{55}$ （偏差値）

第3回

($\boxed{217}$ − $\boxed{250}$) ÷ $\boxed{30}$ × $\boxed{10}$ + $\boxed{50}$ = $\boxed{39}$ （偏差値）

第4回

($\boxed{220}$ − $\boxed{262}$) ÷ $\boxed{24}$ × $\boxed{10}$ + $\boxed{50}$ = $\boxed{32.5}$ （偏差値）

5 偏差値をざっくり読む

私たちにとって重要なのは、偏差値から、だいたいどのくらいの順位かわかることです。

問題 以下の文章の □ をうめてください。

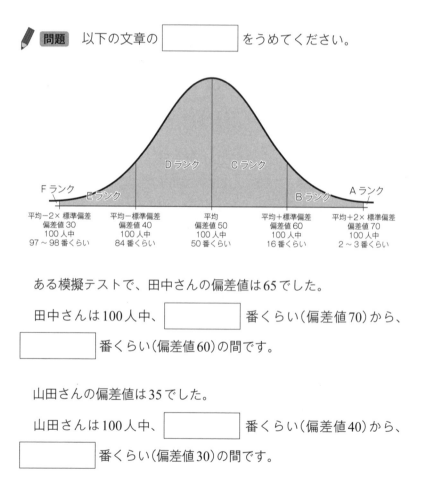

ある模擬テストで、田中さんの偏差値は65でした。

田中さんは100人中、□ 番くらい（偏差値70）から、□ 番くらい（偏差値60）の間です。

山田さんの偏差値は35でした。

山田さんは100人中、□ 番くらい（偏差値40）から、□ 番くらい（偏差値30）の間です。

解答

ある模擬テストで、田中さんの偏差値は65でした。

田中さんは100人中、 2～3 番くらい（偏差値70）から、 16 番位（偏差値60）の間です。

山田さんの偏差値は35でした。

山田さんは100人中、 84 番くらい（偏差値40）から、 97～98 番位（偏差値30）の間です。

6 偏差値で分析する

ここは簡単なので、頭の体操をかねて演習をやってみましょう。

演習1 鈴木さんは宅建の模試を受けました。その結果、平均点は120点、標準偏差は30点で、鈴木さんの得点は144点でした。100人中上位15人が80％の確率で合格できるのがAランクです。

鈴木さんはAランクに入っているでしょうか？

　　　　　をうめて分析してください。

鈴木さんの偏差値を計算します。

（□ − □）÷ □ × □ + □ = □ （偏差値）

鈴木さんは100人中、　　　　　番くらい（偏差値60）から　　　　　番くらい（偏差値50）の間です。したがって上位15人のAランクには　　　　　　　　　　　　　　　　。

💡 **解答**

($\boxed{144}$ − $\boxed{120}$) ÷ $\boxed{30}$ × $\boxed{10}$ + $\boxed{50}$ = $\boxed{58}$

鈴木さんは100人中、$\boxed{16}$ 番くらい(偏差値60)から $\boxed{50}$ 番くらい(偏差値50)の間です。したがって上位15人のAランクには $\boxed{入っていません}$。

✏️ **演習2** A君の数学の中間テストは68点でした。そして期末テストでは88点でした。中間テストも期末テストも、全生徒の平均点は60点でした。

A君の成績は上がったでしょうか。ただし、中間テストの標準偏差は8点、期末テストのそれは28点でした。

とにかく偏差値を計算しましょう。

中間テストでは

($\boxed{}$ − $\boxed{}$) ÷ $\boxed{}$ × $\boxed{}$ + $\boxed{}$ = $\boxed{}$

期末テストでは

($\boxed{}$ − $\boxed{}$) ÷ $\boxed{}$ × $\boxed{}$ + $\boxed{}$ = $\boxed{}$

第11章 正規分布と偏差値

偏差値が ☐ で、☐ なので、
相対的位置は ☐ 。
つまり、成績が ☐ とはいえない。

💡 **解答**

中間テストでは

$(\boxed{68} - \boxed{60}) \div \boxed{8} \times \boxed{10} + \boxed{50} = \boxed{60}$

期末テストでは

$(\boxed{88} - \boxed{60}) \div \boxed{28} \times \boxed{10} + \boxed{50} = \boxed{60}$

偏差値が $\boxed{60}$ で、$\boxed{同じ}$ なので、相対的位置は $\boxed{変わらない}$ 。
つまり、成績が $\boxed{上がった}$ とはいえない。

中間テスト、期末テストとも全体の平均点は同じ60点で、A君の点数は68点から88点と20点も伸びていますから、A君は成績が上がったと喜びました。しかし、偏差値は中間も期末も60で、相対的位置は変わっていません。偏差値で相対的位置をみないと、このような勘違いをしがちなので、気をつけたいところです。

第12章

推定

本章で身につく統計分析力

- 全数調査ができないときは、標本調査から母集団の全体像を推測するので誤差が生じる。標本平均を用いて母集団の平均の95%信頼区間、99%信頼区間を求められる。

この章では母集団の平均(μ)の区間推定をします。標本から推定すると、母集団の平均値が、この値からこの値までの間に入るのではないかという範囲を求められます。

ここでは、正規分布の性質を使って推定します。**母集団が正規分布で、標準偏差がわかっていれば、** 平均の区間推定ができます。

サンプル数を大きく（30以上）とれば、母集団が正規分布でなくても、標準偏差がわかっていなくても、 平均の区間推定ができます。

たとえばある商業地域で一人当たりどのくらい使うかを調べようとして100人にアンケートし、その平均を求め、そのあと区間推定により95%の確率で○○円から○○円の範囲で使ったと思われるというような使われ方をします。

> 予備知識
> # 全数調査と標本調査

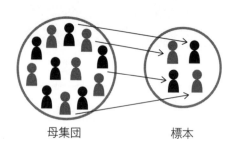

母集団　　　　標本

　国勢調査のように、対象をすべて調べるのが全数調査です。一方、工場でベルトコンベヤ上を流れる袋詰めのお菓子を抜き取って調べるような方法が標本調査です。

　母平均(μ)の区間推定は、標本調査のテクニックのひとつです。

　ポイントは、(母集団からとりだしたひとつの標本の)**標本平均を用いて**母平均を推定することです。

例 母集団の平均の推定

母集団 $\xrightarrow[\text{取り出す}]{10人}$　45kg、50kg、35kg、60kg、40kg
54kg、68kg、70kg、48kg、52kg

↓　この平均(=標本平均)

$$\frac{45+50+35+60+40+54+68+70+48+52}{10}$$

を用いて母集団の平均を推定します。

1
標本平均の分布

母平均の区間推定に用いる、標本平均の分布を考えましょう。

母集団が正規分布 $N(\mu, \sigma^2)$ のとき、大きさ n の標本の平均の分布を考えましょう。

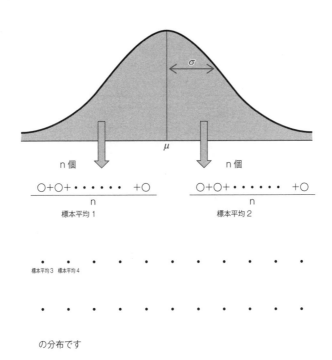

の分布です

それは、正規分布 $N\left(\mu,\ \dfrac{\sigma^2}{n}\right)$ になります。

ここまでの話を図示します。

母集団が $N(\mu,\ \sigma^2)$

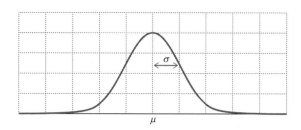

大きさ n のサンプルの平均分布は？

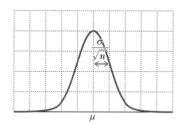

$N\left(\mu,\ \dfrac{\sigma^2}{n}\right)$ になります。

標準偏差は $\dfrac{\sigma}{\sqrt{n}}$ です。

✏️ **演習** ☐ をうめてください。

① 母集団 $N(450, 36)$ からとりだした、
大きさ9のサンプルの平均の分布は
$N($ ☐ $,$ ☐ $)$、標準偏差は ☐

ヒント 下式にあてはめるだけです

$$N(\mu, \sigma^2) \rightarrow N\left(\mu, \frac{\sigma^2}{n}\right)$$

標準偏差は $\frac{\sigma}{\sqrt{n}}$

② 母集団 $N(\mu, 100)$ からの
大きさ25のサンプルの平均の分布は
$N($ ☐ $,$ ☐ $)$、標準偏差は ☐

③ 母集団 $N(\mu, 96)$ からの
大きさ6のサンプルの平均の分布は
$N($ ☐ $,$ ☐ $)$、標準偏差は ☐

【解答】

①

$N(\mu, \sigma^2) \to N\left(\mu, \dfrac{\sigma^2}{n}\right) \Rightarrow N(\boxed{450}, \boxed{4})$

（$\mu=450$, $\sigma^2=36$, $n=9$）

標準偏差は $\dfrac{\sigma}{\sqrt{n}} = \dfrac{6}{\sqrt{9}} = \dfrac{6}{3} = \boxed{2}$

②

$N(\mu, \sigma^2) \to N\left(\mu, \dfrac{\sigma^2}{n}\right) \Rightarrow N(\boxed{\mu}, \boxed{4})$

（$\sigma^2=100$, $n=25$）

標準偏差は $\dfrac{\sigma}{\sqrt{n}} = \dfrac{10}{\sqrt{25}} = \dfrac{10}{5} = \boxed{2}$

③

$N(\mu, \sigma^2) \to N\left(\mu, \dfrac{\sigma^2}{n}\right) \Rightarrow N(\boxed{\mu}, \boxed{16})$

（$\sigma^2=96$, $n=6$）

標準偏差は $\dfrac{\sigma}{\sqrt{n}} = \dfrac{\sqrt{96}}{\sqrt{6}} = \sqrt{16} = \boxed{4}$

95％範囲：2の代わりに1.96を使う

第11章で、正規分布 $N(\mu, \sigma^2)$ では、$\mu - 2\sigma$ から $\mu + 2\sigma$ までの範囲にデータの約95％が入るとしましたが、推定では、2の代わりに、**より正確な数値1.96**を使います。

（平均－**1.96**×標準偏差）（＝$\mu - 1.96\sigma$）から、
（平均＋**1.96**×標準偏差）（＝$\mu + 1.96\sigma$）までの範囲に
約95%のデータが入ります。

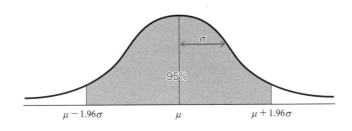

演習 データが正規分布をしているとき、

☐ に数字を入れて文章を完成させてください。

① 平均が40、標準偏差が10のとき、

☐ − 1.96 × ☐ から、☐ + 1.96 × ☐ まで

の範囲に、データの約95%が入ります。

② 平均が50、分散が64のとき、

☐ − 1.96 × ☐ から、☐ + 1.96 × ☐ まで

の範囲に、データの約95%が入ります。

解答

① $\boxed{40}$ − 1.96 × $\boxed{10}$ から $\boxed{40}$ + 1.96 × $\boxed{10}$

② $\sigma^2 = 64$ より $\sigma = 8$

$\boxed{50}$ − 1.96 × $\boxed{8}$ から $\boxed{50}$ + 1.96 × $\boxed{8}$

標本平均の95％が入る範囲

正規分布 $N(\mu, \sigma^2)$ にしたがう母集団からの大きな n の標本の平均は、正規分布 $N\left(\mu, \dfrac{\sigma^2}{n}\right)$ でした。

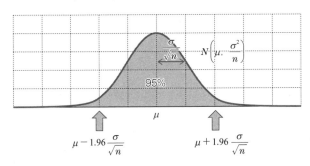

正規分布の性質から、大きさ n の標本の平均の約95％のデータが、

$$\mu - 1.96\dfrac{\sigma}{\sqrt{n}} \quad \text{と} \quad \mu + 1.96\dfrac{\sigma}{\sqrt{n}}$$

の範囲に入ります。

そこで、大きさ n の標本を1つとりだすとき、
その標本平均 $\bar{x}$ は95％の確率で

$$\boxed{\mu - 1.96\dfrac{\sigma}{\sqrt{n}} \leqq \bar{x} \leqq \mu + 1.96\dfrac{\sigma}{\sqrt{n}}}$$

の範囲に入ります。

演習 ☐ をうめてください。

① 正規分布 $N(\mu, \sigma^2)$ の母集団から、大きさ4の標本をひとつとりだしました。

この標本平均 $\bar{x}$ は95%の確率で

$$\mu - 1.96 \times \frac{\sigma}{\boxed{}_{\text{整数}}} \leq \bar{x} \leq \mu + 1.96 \times \frac{\sigma}{\boxed{}_{\text{整数}}}$$

の範囲に入ります。

ヒント

$\mu - 1.96 \dfrac{\sigma}{\sqrt{n}} \leq \bar{x} \leq \mu + 1.96 \dfrac{\sigma}{\sqrt{n}}$ に代入して計算します。

② $N(\mu, 100)$ の母集団から、大きさ25の標本をひとつとりだしました。

この標本平均 $\bar{x}$ は95%の確率で

$$\mu - 1.96 \times \boxed{}_{\text{整数}} \leq \bar{x} \leq \mu + 1.96 \times \boxed{}_{\text{整数}}$$

の範囲に入ります。

💡 **解答**

① $\mu - 1.96 \dfrac{\sigma}{\sqrt{\underset{\uparrow\ 4}{n}}} \leq \bar{x} \leq \mu + 1.96 \dfrac{\sigma}{\sqrt{\underset{\uparrow\ 4}{n}}}$

$\mu - 1.96 \times \dfrac{\sigma}{\boxed{2}} \leq \bar{x} \leq \mu + 1.96 \times \dfrac{\sigma}{\boxed{2}}$

② $\mu - 1.96 \dfrac{\overset{\overset{10}{\downarrow}}{\sigma}}{\sqrt{\underset{\underset{25}{\uparrow}}{n}}} \leq \bar{x} \leq \mu + 1.96 \dfrac{\overset{\overset{10}{\downarrow}}{\sigma}}{\sqrt{\underset{\underset{25}{\uparrow}}{n}}}$

$\mu - 1.96 \times \dfrac{10}{5} \leq \bar{x} \leq \mu + 1.96 \times \dfrac{10}{5}$

$\mu - 1.96 \times \boxed{2} \leq \bar{x} \leq \mu + 1.96 \times \boxed{2}$

ウォーミングアップはこのくらいで十分です。
それでは区間推定に入りましょう。

2 区間推定の式を求める

$\mu - 1.96 \dfrac{\sigma}{\sqrt{n}} \leq \bar{x} \leq \mu + 1.96 \dfrac{\sigma}{\sqrt{n}}$ を、μ について解くだけです。しかし、不等式が苦手だと難しく感じるので、ここは不等式の解き方から復習してみましょう。

不等式の復習

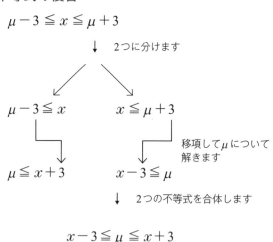

同じやり方で

$\mu - 1.96 \dfrac{\sigma}{\sqrt{n}} \leqq \bar{x} \leqq \mu + 1.96 \dfrac{\sigma}{\sqrt{n}}$ を μ について解きます。

↓ 2つに分けます

$\mu - 1.96 \dfrac{\sigma}{\sqrt{n}} \leqq \bar{x}$　　　　$\bar{x} \leqq \mu + 1.96 \dfrac{\sigma}{\sqrt{n}}$

　　↓　　　　　　　　移項して μ について
　　　　　　　　　　　解きます

$\mu \leqq \bar{x} + 1.96 \dfrac{\sigma}{\sqrt{n}}$　　　　$\bar{x} - 1.96 \dfrac{\sigma}{\sqrt{n}} \leqq \mu$

↓ 2つの不等式を合体します

$$\boxed{\bar{x} - 1.96 \dfrac{\sigma}{\sqrt{n}} \leqq \mu \leqq \bar{x} + 1.96 \dfrac{\sigma}{\sqrt{n}}}$$

　これが、$\bar{x}$ から μ の95%信頼区間(95%の確率で μ は〇〜〇にあるという範囲)を求める式です。

　あとは、ひたすらこの式を使いまくるだけです。

3 小さなサンプルから区間推定

正規分布を使って推定できるのは、母集団が正規分布で、母標準偏差が既知（母集団の標準偏差 σ がわかっている）の場合です。

例 $N(\mu, 16)$ からとりだした大きさ4のサンプルが(26, 43, 32, 55)でした。このとき母集団の平均 μ の95％信頼区間を求めてください。

$$\bar{x} = \frac{26+43+32+55}{4} = 39 、\sigma^2 = 16 \text{ より、} \sigma = 4、$$

$n = 4$ を下式に代入

$$\bar{x} - 1.96 \frac{\sigma}{\sqrt{n}} \leq \mu \leq \bar{x} + 1.96 \frac{\sigma}{\sqrt{n}}$$

（$\bar{x}=39$、$\sigma=4$、$n=4$）

母平均の95％信頼区間は

$35.08 \leq \mu \leq 42.92$

📝 [演習]

$N(\mu, 8^2)$ から大きさ16のサンプルをひとつとりだしたところ、標本平均が48.52でした。母集団の平均（μ）の95％信頼区間を求めてください。

$$\bar{x} - 1.96 \frac{\sigma}{\sqrt{n}} \leqq \mu \leqq \bar{x} + 1.96 \frac{\sigma}{\sqrt{n}}$$

に、わかっていることを代入します。

$$\boxed{} - 1.96 \times \frac{\boxed{}}{\sqrt{\boxed{}}} \leqq \mu \leqq \boxed{} + 1.96 \times \frac{\boxed{}}{\sqrt{\boxed{}}}$$

母平均の95％信頼区間は

$$\boxed{} \leqq \mu \leqq \boxed{}$$

💡 [解答]

$$\boxed{48.52} - 1.96 \times \frac{\boxed{8}}{\sqrt{\boxed{16}}} \leqq \mu \leqq \boxed{48.52} + 1.96 \times \frac{\boxed{8}}{\sqrt{\boxed{16}}}$$

$$\boxed{44.6} \leqq \mu \leqq \boxed{52.44}$$

演習

　今年度におけるA農園のいちご1個あたりの重さの平均μ(g)を推定します。

　平均値は毎年変化しますが、標準偏差は変化がなく、6gで正規分布にしたがうことがわかっています。大きさ9のサンプルをひとつとったところ(10, 11, 13, 14, 8, 9, 12, 15, 7)(g)でした。今年のいちご1個あたりの重さの平均(μ)の95%信頼区間を求めてください。

$$\bar{x} - 1.96 \frac{\sigma}{\sqrt{n}} \leq \mu \leq \bar{x} + 1.96 \frac{\sigma}{\sqrt{n}}$$

に、わかっていることを代入します。

$$\boxed{11} - 1.96 \times \frac{\boxed{6}}{\sqrt{\boxed{9}}} \leq \mu \leq \boxed{11} + 1.96 \times \frac{\boxed{6}}{\sqrt{\boxed{9}}}$$

母平均の95%信頼区間は

$$\boxed{7.08} \leq \mu \leq \boxed{14.92}$$

💡 [解答]

(10, 11, 13, 14, 8, 9, 12, 15, 7)(g) より

$$\bar{x} = \frac{10+11+13+14+8+9+12+15+7}{9} = 11$$

$$\boxed{11} - 1.96 \times \frac{6}{\sqrt{\boxed{9}}} \leqq \mu \leqq \boxed{11} + 1.96 \times \frac{6}{\sqrt{\boxed{9}}}$$

↓

$$\boxed{11} - 1.96 \times \frac{6}{3} \leqq \mu \leqq \boxed{11} + 1.96 \times \frac{6}{3}$$

↓

$$11 - 1.96 \times 2 \leqq \mu \leqq 11 + 1.96 \times 2$$

$$11 - 3.92 \leqq \mu \leqq 11 + 3.92$$

$$\boxed{7.08} \leqq \mu \leqq \boxed{14.92}$$

4 大きなサンプルから区間推定

中心極限定理がわかれば、「小さなサンプルからの区間推定」と同様なやり方でできます。

中心極限定理

母集団がどんな分布であっても、母集団の平均がμ、標準偏差がσのとき、**サンプルの大きさnが大きいと（n≧30）**、サンプルの平均の分布は$N\left(\mu, \dfrac{\sigma^2}{n}\right)$になります。

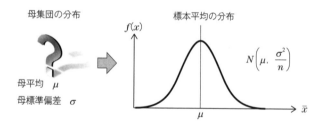

なんと、正規分布$N(\mu, \sigma^2)$からとりだした、大きさnのサンプルの平均の分布と同じになります。

ということは、「小さなサンプルからの区間推定」で使った母平均（μ）の95%信頼区間を求める式

$$\bar{x} - 1.96\dfrac{\sigma}{\sqrt{n}} \leq \mu \leq \bar{x} + 1.96\dfrac{\sigma}{\sqrt{n}}$$

がそのまま使えます！

演習 ある工業製品から、大きさ64の標本をとりだしたところ、標本平均は65gでした。

この工業製品について、信頼度95%で、母平均(μ)の信頼区間を求めてください。ただし、母集団の標準偏差は、これまでのデータの集積から24(g)とわかっています。

中心極限定理から、大きさ64の標本の平均は

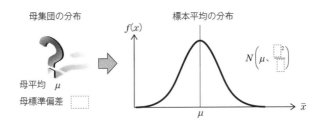

母平均(μ)の95%信頼区間を求める式

$$\bar{x} - 1.96 \frac{\sigma}{\sqrt{n}} \leq \mu \leq {} + 1.96 \frac{\sigma}{\sqrt{n}}$$

がそのまま使えるから

$$\boxed{} - 1.96 \times \frac{\boxed{}}{\sqrt{\boxed{}}} \leq \mu \leq \boxed{} + 1.96 \times \frac{\boxed{}}{\sqrt{\boxed{}}}$$

母平均の95%信頼区間は

$$\boxed{} \leqq \mu \leqq \boxed{}$$

💡 解答

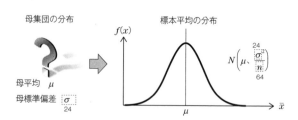

$$\boxed{65} - 1.96 \times \frac{\boxed{24}}{\sqrt{\boxed{64}}} \leqq \mu \leqq \boxed{65} + 1.96 \times \frac{\boxed{24}}{\sqrt{\boxed{64}}}$$

$$\boxed{65} - 1.96 \times \frac{\boxed{24}}{8} \leqq \mu \leqq \boxed{65} + 1.96 \times \frac{\boxed{24}}{8}$$

$$65 - 1.96 \times 3 \leqq \mu \leqq 65 + 1.96 \times 3$$

$$\boxed{59.12} \leqq \mu \leqq \boxed{70.88}$$

では次の問題はどうなるでしょう。

広い農園でとれた多量のたまねぎから100個をかたよりなくとりだした標本のデータから、母平均(農園全体のたまねぎの重さの平均)の95%信頼区間を求めてください。

100個は十分に大きなデータだから、もちろん中心極限定理が成り立ちます。

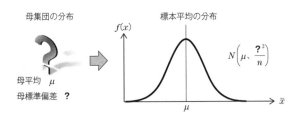

ただし、母標準偏差が「？」だから、

母平均(μ)の95%信頼区間を求める式

$$\bar{x} - 1.96\frac{?}{\sqrt{n}} \leq \mu \leq + 1.96\frac{?}{\sqrt{n}}$$

はこのままでは使えません。

こういう場合は、標本の不偏分散(s^2)(次ページで説明します)から求めた標準偏差sをσの代わりに使います。s^2の計算は次ページのとおりです。

5 不偏分散(s^2)から標準偏差(s)を求める

例 まず、大きさ4のサンプル(6、12、18、24)の不偏分散を求めます。

$$平均 = \frac{6 + 12 + 18 + 24}{4} = 15$$

したがって各データの偏差は$(6-15)$、$(12-15)$、$(18-15)$、$(24-15)$

偏差の2乗の和をデータ数4で割ったものがサンプルの分散でした。

偏差の2乗の和を(**データ数-1**)、この場合
$(4-1) = 3$で割ったものが不偏分散(s^2)です。

$$S^2 = \frac{(6-15)^2 + (12-15)^2 + (18-15)^2 + (24-15)^2}{3} = 60$$

不偏分散から求めた標準偏差は$s = \sqrt{60}$

十分大きな標本から母平均の信頼区間を求める場合、母集団のσが未知なら、このsをσの代わりに用います。

図で理解しましょう。
標本が十分大きいとき、中心極限定理より、

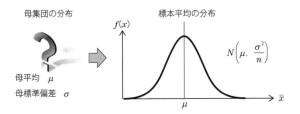

この場合、μの95%信頼区間は

$$\bar{x} - 1.96\frac{\sigma}{\sqrt{n}} \leqq \mu \leqq \bar{x} + 1.96\frac{\sigma}{\sqrt{n}}$$

母標準偏差が「？」のとき

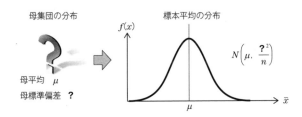

σの代わりにsを用いて

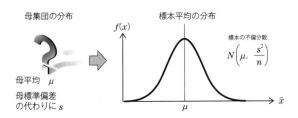

この場合、μの95%信頼区間は先の式のσをsに置きかえて

推定

$$\bar{x} - 1.96 \frac{s}{\sqrt{n}} \leqq \mu \leqq \bar{x} + 1.96 \frac{s}{\sqrt{n}}$$

演習 広い農園でとれた多量のたまねぎから100個を、かたよりなくとりだした標本のデータから、母平均(農園全体のたまねぎの重さの平均)の95%信頼区間を求めてください。ただし、計算により、標本平均は$\bar{x} = 120$g、標本の不偏分散は$s^2 = 81$となりました。

標本の大きさが100で十分大きいので、標本の不偏分散から求めた標準偏差を使います。

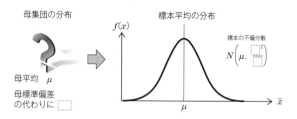

そこで、μの95%信頼区間は

$$\bar{x} - 1.96 \frac{s}{\sqrt{n}} \leqq \mu \leqq \bar{x} + 1.96 \frac{s}{\sqrt{n}}$$

にわかっている数値を代入して求めます。

$$\boxed{} - 1.96 \times \frac{\boxed{}}{\sqrt{\boxed{}}} \leqq \mu \leqq \boxed{} + 1.96 \times \frac{\boxed{}}{\sqrt{\boxed{}}} \quad \text{より}$$

$$\boxed{} \leqq \mu \leqq \boxed{}$$

解答

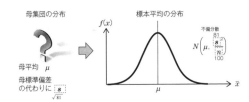

$$\boxed{120} - 1.96 \times \frac{\overset{\sqrt{81}}{\downarrow}}{\boxed{9}} \leqq \mu \leqq \boxed{120} + 1.96 \times \frac{\overset{\sqrt{81}}{\downarrow}}{\boxed{9}} \quad \text{より}$$

$$120 - 1.96 \times \frac{9}{10} \leqq \mu \leqq 120 + 1.96 \times \frac{9}{10}$$

$$\boxed{118.24} \leqq \mu \leqq \boxed{121.76}$$

演習 1日10万個のバターロールをつくっているパン工場の製造ラインから、100個を無作為抽出して調べたところ、重さの合計が3350g、データの偏差の2乗の和が396gでした。このパンについて、信頼度95%で母平均の信頼区間を求めてください。

標本の大きさが100で十分大きいので、標本の不偏分散から求めた標準偏差を使います。

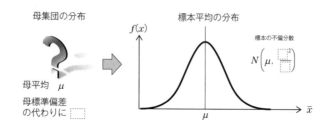

$$\bar{x} = \frac{\boxed{}}{\boxed{}} = \boxed{}$$

不偏分散 $s^2 = \dfrac{\boxed{}}{\boxed{}} = \boxed{}$

そこで μ の95%信頼区間は

$$\bar{x} - 1.96\frac{s}{\sqrt{n}} \leq \mu \leq \bar{x} + 1.96\frac{s}{\sqrt{n}}$$

$$\boxed{} - 1.96 \times \frac{\boxed{}}{\sqrt{\boxed{}}} \leqq \mu \leqq \boxed{} + 1.96 \times \frac{\boxed{}}{\sqrt{\boxed{}}} \quad \text{より}$$

$$\boxed{} \leqq \mu \leqq \boxed{}$$

💡 解答

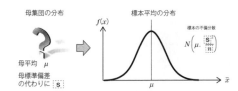

$$\bar{x} = \frac{\boxed{3350}}{\boxed{100}} = \boxed{33.5}$$

$$\text{不偏分散} \, s^2 = \frac{\boxed{396}}{\boxed{100-1}} = \boxed{4}$$

そこで μ の95%信頼区間は

$$\bar{x} - 1.96 \frac{s}{\sqrt{n}} \leqq \mu \leqq \bar{x} + 1.96 \frac{s}{\sqrt{n}}$$

$$\boxed{33.5} - 1.96 \times \frac{\boxed{\overset{\sqrt{4}}{\downarrow}}{\boxed{2}}}{\sqrt{\boxed{100}}} \leqq \mu \leqq 33.5 + 1.96 \times \frac{\boxed{\overset{\sqrt{4}}{\downarrow}}{\boxed{2}}}{\sqrt{\boxed{100}}} \quad \text{より}$$

$$33.5 - 1.96 \times \frac{2}{10} \leqq \mu \leqq 33.5 + 1.96 \times \frac{2}{10}$$

$$\boxed{33.11} \leqq \mu \leqq \boxed{33.89}$$

6 99%信頼区間

ここまでは95%の信頼区間を求めてきました。
ここでは範囲を少し広めにとった、99%の信頼区間を求めます。

正規分布$N(\mu, \sigma^2)$の性質

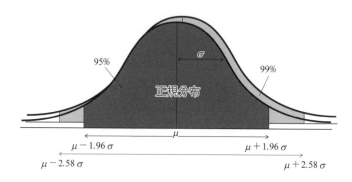

95%信頼区間は

$$\bar{x} - 1.96 \frac{\sigma}{\sqrt{n}} \leqq \mu \leqq \bar{x} + 1.96 \frac{\sigma}{\sqrt{n}}$$

99%信頼区間は、1.96を2.58にかえて

$$\bar{x} - 2.58 \frac{\sigma}{\sqrt{n}} \leqq \mu \leqq \bar{x} + 2.58 \frac{\sigma}{\sqrt{n}}$$

これだけのことです。演習で慣れましょう。

演習 ある県で8歳の男子400人を無作為に選んだところ、平均体重が30.25 kgでした。

これまでのデータの積み重ねから、毎年平均体重は変わるものの、標準偏差は5 kgで変わらないことがわかっています。

同県の8歳男子の平均体重(μ)の99%の信頼区間を求めてください。

標本の大きさが400で十分大きいので、標本平均の分布は次のとおりです。

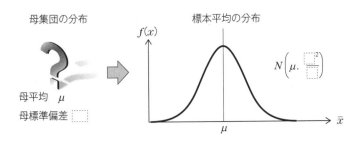

そこでμの99%信頼区間は

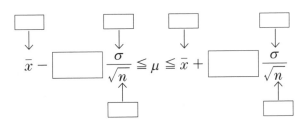

を計算して

$$\boxed{} \leqq \mu \leqq \boxed{}$$

💡 解答

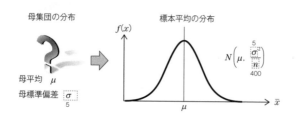

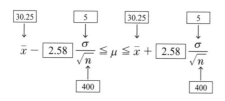

$$30.25 - 2.58 \times \frac{5}{20} \leqq \mu \leqq 30.25 + 2.58 \times \frac{5}{20}$$

$$\boxed{29.61} \leqq \mu \leqq \boxed{30.90}$$

第13章

検定

本章で身につく統計分析力

- 帰無仮説と対立仮説を理解し、有意水準5％と1％の両側検定、有意水準5％の片側検定ができる。

第12章では、母平均の推定をしました。この章では、母平均(μ)の検定をします。

やっていることは刑事ドラマの犯人の検討と似ています。Aさんが犯人ではないとめぼしをつけたとき、それをどう証明するか？ 刑事ならこうします。

Aさんを犯人と仮定して、Aさんの行動をチェックしていくと、Aさんが殺人をおかした確率はきわめて小さくなる。

ということは、Aさんを犯人と仮定したことが間違いで、Aさんは犯人ではないのではないか。こんな流れになると思います。

この感じがわかると検定は簡単です。

実用面の代表例として、品質管理(QC)があげられます。サンプルの平均から母集団(生産品全部)の平均が、設計値からずれていないかどうかを常に検定によりチェックし、品質の維持をします。

1 帰無仮説と対立仮説

　前ページでは、Aさんが犯人という仮説をたてましたが、これを検定的な仮説にアレンジすると、次の2つになります。

帰無仮説(H_0)　Aさんは犯人
対立仮説(H_1)　Aさんは犯人でない

　帰無仮説(H_0)「Aさんは犯人」が確率的に小さいので**棄却**されるとき、**対立仮説**(H_1)「Aさんは犯人でない」が採用されます。

　帰無仮説(H_0)「Aさんは犯人」が確率的にそこそこで、棄却されないとき、帰無仮説が採用されます。

　一般的に、棄却したいほうを帰無仮説、証明したいほうを対立仮説にします。

2 有意水準(=危険率)5%と棄却域

第12章の復習です。

正規分布 $N(\mu, \sigma^2)$ にしたがう母集団

　　　　↓　大きさ n の標本の平均

正規分布　$N\left(\mu, \dfrac{\sigma^2}{n}\right)$

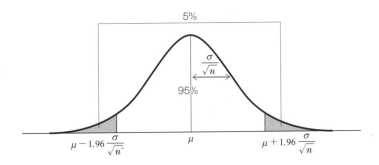

標本平均 $\bar{x}$ は、95%の確率で

$\mu - 1.96 \dfrac{\sigma}{\sqrt{n}} \leqq \bar{x} \leqq \mu + 1.96 \dfrac{\sigma}{\sqrt{n}}$　の範囲に入ります。

残り5%の確率で

$\bar{x} \leqq \mu - 1.96 \dfrac{\sigma}{\sqrt{n}}$、または $\bar{x} \geqq \mu + 1.96 \dfrac{\sigma}{\sqrt{n}}$　に入ります。

仮説検定で**有意水準（＝危険率）5%**とは、データの95%が入らない端の確率が5%ということです。

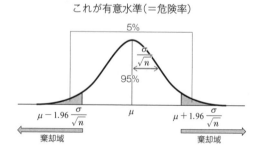

範囲 $\bar{x} \leqq \mu - 1.96\dfrac{\sigma}{\sqrt{n}}$、または $\bar{x} \geqq \mu + 1.96\dfrac{\sigma}{\sqrt{n}}$

を**棄却域**といいます。

母平均の仮説検定では、$\bar{x}$ が棄却域に入るかどうかで判断します。

これで、仮説検定の雰囲気はだいたいつかめたと思いますが、長い文章で与えられた問題にすぐ入ると難しく感じるので、まずは機械的に処理できる問題をやってみましょう。

問題

$\sigma=4$ の正規分布にしたがう母集団からとりだした、大きさ4の標本の標本平均 $\bar{x}$ が39のとき、母集団の平均 μ は44と考えてよいでしょうか?

有意水準(危険率)5%で検定してください。

手順1 仮説をたてる

仮説 H_0：母集団の平均 $\mu = 44$

仮説 H_1：母集団の平均 $\mu \neq 44$

手順2 棄却域を求める

大きさ n の標本平均

$N(\mu, \sigma^2) \rightarrow$ 正規分布 $\left(\mu, \dfrac{\sigma^2}{n}\right)$

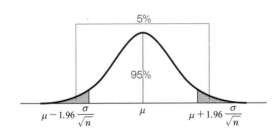

有意水準(＝ _____)5%の _____ は

$$\bar{x} \leq \mu - 1.96\frac{\sigma}{\sqrt{n}}、または\ \bar{x} \geq \mu + 1.96\frac{\sigma}{\sqrt{n}}$$

帰無仮説 $(H_0)\mu = 44$ と $\sigma = 4$、$n = 4$ を代入して計算します。棄却域は

$$\bar{x} \leq \mu - 1.96\frac{\sigma}{\sqrt{n}} = \boxed{} - 1.96 \times \frac{\boxed{}}{\sqrt{\boxed{}}} = \boxed{}$$

または

$$\bar{x} \geq \mu + 1.96\frac{\sigma}{\sqrt{n}} = \boxed{} + 1.96 \times \frac{\boxed{}}{\sqrt{\boxed{}}} = \boxed{}$$

💡 **解答**

有意水準(= 危険率)5%の 棄却域

$$\bar{x} \leq \mu - 1.96\frac{\sigma}{\sqrt{n}} = \boxed{44} - 1.96 \times \frac{\boxed{4}}{\sqrt{\boxed{4}}} = \boxed{40.08}$$

$$\bar{x} \geq \mu + 1.96\frac{\sigma}{\sqrt{n}} = \boxed{44} + 1.96 \times \frac{\boxed{4}}{\sqrt{\boxed{4}}} = \boxed{47.92}$$

手順3 標本平均が棄却域かどうかチェック

$$39 < \mu - 1.96\frac{\sigma}{\sqrt{n}} = 40.08$$

で棄却域に入るので、5％の有意水準（＝危険率）で、帰無仮説（H_0）μ＝44は**棄却されます**（＝**有意である**）。

対立仮説　（H_1）：母集団の平均$\mu \neq 44$が採用されます。

アバウトにいえば、高い確率で母集団の平均は44ではないと思われる、ということです。

演習

ある工場でせんべいを製造しています。今まで1袋の重さの平均が400gで、標準偏差が6gでした。10日ぶりに製造ラインから36個無作為にとりだしたところ、標本平均が398.5gでした。

これまでのデータから、母集団の標準偏差は変わらないことがわかっています。このとき、1袋の重さの平均が400gから変わったかどうか、有意水準5％（＝危険率5％）で検定してください。

手順1 仮説をたてる

仮説 H_0：母集団の平均 $\mu =$ ☐

仮説 H_1：母集団の平均 $\mu \neq$ ☐

💡 **解答**

仮説 H_0：母集団の平均 $\mu =$ 400
仮説 H_1：母集団の平均 $\mu \neq$ 400

手順2 棄却域を求める

$n=36$ と大きいので、☐ 定理より

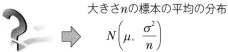

母集団の分布
母平均 μ
母標準偏差 σ

大きさ n の標本の平均の分布
$N\left(\mu,\ \dfrac{\sigma^2}{n}\right)$

☐（=危険率）5%の ☐ は

$\bar{x} \leqq \mu - 1.96 \dfrac{\sigma}{\sqrt{n}}$ または $\bar{x} \geqq \mu + 1.96 \dfrac{\sigma}{\sqrt{n}}$

帰無仮説（H_0）$\mu=400$ と $\sigma=6$、$n=36$ を代入して計算します。棄却域は

$$\bar{x} \leq \mu - 1.96\frac{\sigma}{\sqrt{n}} = \boxed{} - 1.96 \times \frac{\boxed{}}{\sqrt{\boxed{}}} = \boxed{}$$

または

$$\bar{x} \geq \mu + 1.96\frac{\sigma}{\sqrt{n}} = \boxed{} + 1.96 \times \frac{\boxed{}}{\sqrt{\boxed{}}} = \boxed{}$$

💡 解答

順に 中心極限　有意水準　棄却域

$$\bar{x} \leq \mu - 1.96\frac{\sigma}{\sqrt{n}} = \boxed{400} - 1.96 \times \frac{6}{\sqrt{36}} = 400 - 1.96 = \boxed{398.04}$$

$$\bar{x} \geq \mu + 1.96\frac{\sigma}{\sqrt{n}} = \boxed{400} + 1.96 \times \frac{6}{\sqrt{36}} = 400 + 1.96 = \boxed{401.96}$$

手順3　標本平均が棄却域かどうかチェック

$\bar{x} = 398.5$ は棄却域に入らないので、

5%の有意水準(＝危険率)で、帰無仮説(H_0) $\mu = 400$ は棄却

$\boxed{}$ (＝ $\boxed{}$)。

結局、有意水準5%の検定により、母集団の平均は400gから変わったとは思えない。

💡 解答

棄却 されない (＝ 有意ではない)。

3 有意水準(=危険率)1%と棄却域

正規分布 $N(\mu, \sigma^2)$ にしたがう母集団

↓ 大きさ n の標本の平均

正規分布 $N\left(\mu, \dfrac{\sigma^2}{n}\right)$

有意水準(危険率)5%の棄却域は、

$$\bar{x} \leq \mu - 1.96 \dfrac{\sigma}{\sqrt{n}}、または \bar{x} \geq \mu + 1.96 \dfrac{\sigma}{\sqrt{n}}$$ でした。

第12章を参考にして、有意水準(危険率)1%棄却域は、

$$\bar{x} \leq \mu - 2.58 \dfrac{\sigma}{\sqrt{n}}、または \bar{x} \geq \mu + 2.58 \dfrac{\sigma}{\sqrt{n}}$$ です。

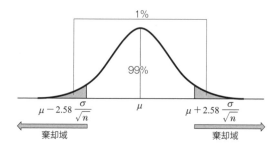

演習

最近まで卵1個の重さの平均が60gであったある養鶏場がえさを変えました。

ある日64個の卵をとりだして重さを量ったところ、標本平均が62gでした。これまでも何度かえさを変えたことがありますが、標準偏差は4gで変わりませんでした。

業界紙にも、えさを変えても変わるのは平均で標準偏差は変わらないという研究成果が載っていました。

新しいえさによって卵1個の重さが60gから変わったかどうか、有意水準1%（＝危険率1%）で検定してください。

|手順1| 仮説をたてる

　仮説 H_0：母集団の平均 $\mu =$ ☐

　仮説 H_1：母集団の平均 $\mu \neq$ ☐

解答

　仮説 H_0：母集団の平均 $\mu =$ $\boxed{60}$
　仮説 H_1：母集団の平均 $\mu \neq$ $\boxed{60}$

|手順2| 棄却域を求める

　$n = 64$ と大きいので、☐ 定理より

母集団の分布

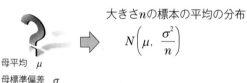

母平均 μ
母標準偏差 σ

大きさnの標本の平均の分布

$N\left(\mu, \dfrac{\sigma^2}{n}\right)$

☐（＝危険率）1%の ☐ は、

$\bar{x} \leqq \mu - 2.58 \dfrac{\sigma}{\sqrt{n}}$、または $\bar{x} \geqq \mu + 2.58 \dfrac{\sigma}{\sqrt{n}}$

帰無仮説(H_0) $\mu = 60$ と $\sigma = 4$、$n = 64$ を代入して計算します。棄却域は

$\bar{x} \leqq \mu - 2.58 \dfrac{\sigma}{\sqrt{n}} = \boxed{} - 2.58 \times \dfrac{\boxed{}}{\sqrt{\boxed{}}} = \boxed{}$

または

$\bar{x} \geqq \mu + 2.58 \dfrac{\sigma}{\sqrt{n}} = \boxed{} + 2.58 \times \dfrac{\boxed{}}{\sqrt{\boxed{}}} = \boxed{}$

💡 **[解答]**

順に 中心極限定理 有意水準 棄却域

$$\bar{x} \leq \mu - 2.58 \frac{\sigma}{\sqrt{n}} = \boxed{60} - 2.58 \times \frac{4}{\sqrt{64}} = \boxed{58.71}$$

$$\bar{x} \geq \mu + 2.58 \frac{\sigma}{\sqrt{n}} = \boxed{60} + 2.58 \times \frac{4}{\sqrt{64}} = \boxed{61.29}$$

手順3 標本平均が棄却域かどうかチェック

$\bar{x} = 62$ は棄却域に ☐ ので、

1%の有意水準(=危険率)で、帰無仮説(H_0) $\mu = 60$

は ☐ (= ☐)。

結局、有意水準1%の検定により、母集団の平均は60gから変わったと思われる。

💡 **[解答]**

$\bar{x} = 62$ は棄却域に 入る ので、

1%の有意水準(=危険率)で、帰無仮説(H_0) $\mu = 60$

は 棄却される (= 有意である)。

4 両側検定と片側検定

　実は、ここまでやってきたのは両側検定というものです。
検定には、片側検定もあります。
このあたりの使い分けを、重さの検定を例に考えましょう。

両側検定

　検定により母集団の重さの平均が50gでないことを確かめたい場合には、

帰無仮説(H_0) $\mu = 50$
対立仮説(H_1) $\mu \neq 50$

ではじめる、ここまでやってきた両側検定を使います。

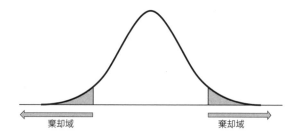

片側検定

◆検定により母集団の重さの平均が50gより大きいことを確かめたい場合には

H_0　$\mu = 50$
H_1　$\mu > 50$

ではじめる、片側検定を使います。

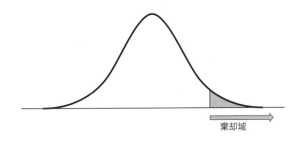
棄却域

標本平均 $\bar{x}$ が棄却域に入れば、

帰無仮説(H_0)$\mu = 50$ が棄却され、対立仮説(H_1)$\mu > 50$ が採用されます。

◆検定により母集団の重さの平均が50gより小さいことを確かめたい場合には

H_0　$\mu = 50$
H_1　$\mu < 50$

ではじめる、片側検定を使います。

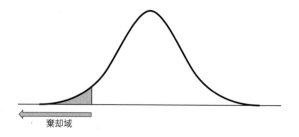

標本平均 $\bar{x}$ が棄却域に入れば、

帰無仮説 $(\mathrm{H}_0)\mu=50$ が棄却され、対立仮説 $(\mathrm{H}_1)\mu<50$ が採択されます。

片側検定の流れも、両側検定の流れと同じですから簡単です。
ここでは5%の有意水準の演習をとりあげます。
その際に用いる棄却域は218ページのとおりです。

5 片側検定の有意水準5%と棄却域

これまでの復習ですが、以下の場合、標本の平均の分布が $N\left(\mu, \dfrac{\sigma^2}{n}\right)$ になりました。

$N(\mu, \sigma^2) \rightarrow$ 正規分布 $N\left(\mu, \dfrac{\sigma^2}{n}\right)$

　　　　　　　　大きさ n の標本の平均

中心極限定理より、大きさ n が十分に大きいとき、

母集団の分布 大きさ n の標本の平均の分布 $N\left(\mu, \dfrac{\sigma^2}{n}\right)$

母平均 μ
母標準偏差 σ

標本平均 $\bar{x}$ が 正規分布 $N\left(\mu, \dfrac{\sigma^2}{n}\right)$ をするとき、

有意水準5%の棄却域は、両側検定では次のようになりました。

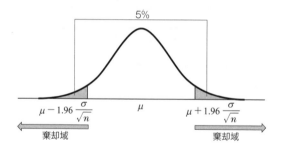

片側検定では次のようになりました。

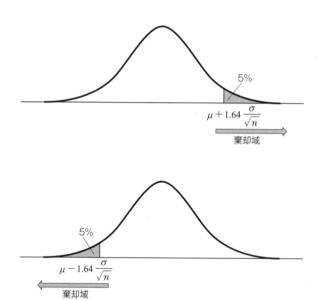

6 片側検定をする

演習

昨年の世帯収入は、5年ごとに行なわれる国勢調査の結果、全国平均が510万円で標準偏差が50万円でした。今年、全国から無作為に100世帯を選んで世帯収入を調べたところ、平均が500万円でした。今年の全国の世帯収入の平均は510万円より低くなったといえますか。有意水準5%で検定してください。なお、標準偏差は過去のデータから毎年変わらないものとします。

手順1 仮説をたてる

帰無仮説(H_0)母集団の平均$\mu =$ ☐

対立仮説(H_1)母集団の平均$\mu <$ ☐

解答

帰無仮説 H_0：母集団の平均$\mu =$ 510
対立仮説 H_1：母集団の平均$\mu <$ 510

手順2 棄却域を求める

$n = 100$ と大きいので、☐ 定理より

第13章 検定

母集団の分布

大きさ n の標本の平均の分布
$N\left(\mu, \dfrac{\sigma^2}{n}\right)$

母平均 μ
母標準偏差 σ

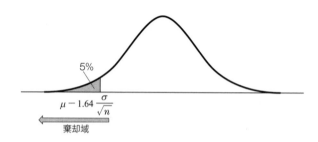

[　　　　]（＝危険率）5%の[　　　　]は

$$\bar{x} \leqq \mu - 1.64 \dfrac{\sigma}{\sqrt{n}}$$

帰無仮説 $(H_0)\ \mu = 510$ と $\sigma = 50$、$n = 100$ を代入して計算します。棄却域は

$$\bar{x} \leqq \mu - 1.64 \dfrac{\sigma}{\sqrt{n}} = \boxed{} - 1.64 \times \dfrac{\boxed{}}{\sqrt{\boxed{}}} = \boxed{}$$

💡 **解答**

$n = 100$ と大きいので、[中心極限]定理より

[有意水準]（＝危険率）5%の[棄却域]は

$$\bar{x} \leq \mu - 1.64 \frac{\sigma}{\sqrt{n}} = \boxed{510} - 1.64 \times \frac{\boxed{50}}{\sqrt{\boxed{100}}} = 510 - 1.64 \times 5 = \boxed{501.8}$$

手順3 標本平均が棄却域かどうかチェック

$500 < 501.8$ なので、

$\bar{x} = 500$ は棄却域に ☐ 。

5%の有意水準（＝危険率）で、

帰無仮説（H_0）$\mu = 510$ は**棄却** ☐ （＝**有意** ☐ ）。

対立仮説（H_1）$\mu < 510$ が採用される。

結局、有意水準5%の片側検定により、今年の世帯収入は510万より低くなったと思われる。

💡 **解答**

順に ｜入る｜ ｜される｜ ｜である｜

✏️ **演習**

全国の大学生の1ヶ月のアルバイト収入の平均は5万円、標準偏差は1万円です。無作為に抽出した225人の大阪の大学生のアルバイト収入を調べると、平均が5.2万円でした。大阪の大学生のアルバイト収入は、全国平均より高いといえますか。

ただし過去のデータから、標準偏差は場所によって変わらないことがわかっています。

手順1 仮説をたてる

帰無仮説(H_0)母集団の平均 $\mu = $ ☐

対立仮説(H_1)母集団の平均 $\mu > $ ☐

💡 **解答**

帰無仮説(H_0)母集団の平均 $\mu = \boxed{5}$

対立仮説(H_1)母集団の平均 $\mu > \boxed{5}$

手順2 棄却域を求める

$n = 225$ と大きいので、☐☐☐☐☐☐ 定理より

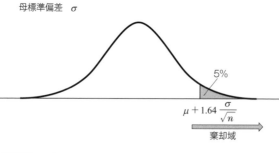

母集団の分布

大きさnの標本の平均の分布
$N\left(\mu, \dfrac{\sigma^2}{n}\right)$

母平均 μ
母標準偏差 σ

5%

$\mu + 1.64 \dfrac{\sigma}{\sqrt{n}}$

棄却域

☐☐☐☐（＝危険率）5%の ☐☐☐☐☐ は

$$\bar{x} \geq \mu + 1.64 \dfrac{\sigma}{\sqrt{n}}$$

帰無仮説(H_0) $\mu = 5$ と $\sigma = 1$、$n = 225$ を代入して計算します。

棄却域は、

$$\bar{x} \geqq \mu + 1.64 \frac{\sigma}{\sqrt{n}} = \boxed{} + 1.64 \times \frac{\boxed{}}{\sqrt{\boxed{}}} = \boxed{}$$

解答

$n=225$ と大きいので、中心極限 定理より

有意水準(＝危険率)5%の 棄却域 は

$$\bar{x} \geqq \mu + 1.64 \frac{\sigma}{\sqrt{n}} = \boxed{5} + 1.64 \times \frac{\boxed{1}}{\sqrt{\boxed{225}}} = \boxed{5.11}$$

$$\sqrt{225} \downarrow 15$$

手順3 標本平均が棄却域かどうかチェック

$5.2 > 5.11$ より、

$\bar{x} = 5.2$ は棄却域に $\boxed{}$ ので、

5%の有意水準(＝危険率)で、

帰無仮説$(H_0) \mu = 5$は**棄却** $\boxed{}$ (＝**有意** $\boxed{}$)。

対立仮説$(H_1) \mu > 5$が採用される。

結局、有意水準5%の片側検定により、大阪の大学生のアルバイト収入は全国平均より高いと思われる。

解答

順に 入る される である

著者略歴

間地 秀三（まじ しゅうぞう）
1950年生まれ。
九州芸術工科大学（現・九州大学）卒業。
ニチアス株式会社で設計や営業などに従事したのち、学習塾をはじめ、小学・中学・高校生に個人指導を行なう。著書に『小・中・高の計算がまるごとできる』『中学数学がまるごとわかる』『高校数学がまるごとわかる』（以上、ベレ出版）『中学3年分の数学が14時間でマスターできる本』（明日香出版社）『小学校6年間の算数が6時間でわかる本』（PHP研究所）など。

「穴埋め」で統計分析がスラスラできる

2016年1月25日	初版発行
2021年9月22日	第3刷発行

著者	間地 秀三
DTP	WAVE 清水 康広
図版	溜池 省三
イラスト	いげた めぐみ
校正	曽根 信寿
カバーデザイン	図工ファイブ 末吉 亮

©Shuzo Maji 2016. Printed in Japan

発行者	内田 真介
発行・発売	ベレ出版
	〒162-0832　東京都新宿区岩戸町12 レベッカビル TEL.03-5225-4790　FAX.03-5225-4795 ホームページ　https://www.beret.co.jp/ 振替 00180-7-104058
印刷	モリモト印刷株式会社
製本	根本製本株式会社

落丁本・乱丁本は小社編集部あてにお送りください。送料小社負担にてお取り替えします。

本書の無断複写は著作権法上での例外を除き禁じられています。
購入者以外の第三者による本書のいかなる電子複製も一切認められておりません。

ISBN 978-4-86064-460-4 C0041　　　　　編集担当　永瀬 敏章